縮小まちづくり

成功と失敗の分かれ目

米山秀隆
富士通総研主席研究員

時事通信社

はじめに

人口減少が本格化する中、まちづくりの面では、これまで広げてきたまちのコンパクト化がより一層求められるようになっている。人口増加時代に広げたまちの全域を維持するためには、インフラや公共施設の維持更新費の負担が重くなりすぎている。薄く広がったまちは、高齢者にとっても暮らしづらい。まちのコンパクト化は以前から必要とされてきた課題であるが、「居住誘導区域」の設定が可能になったことにより、今後の進展が期待されている。

一方、今後ともまちとして残る、あるいは残していくべきエリアにおいては、エリアの価値向上活動であるエリアマネジメントが、さまざまな形で現れるようになっている。エリアマネジメントとは、住民や事業主、地権者などが主体となってエリアの魅力や活力を維持しようとする活動である。

人口減少時代においては、成長期に広がり過ぎたまちが維持困難になっている場合にはコンパクト化、また、今後とも残していくエリアではその価値を向上させていくエリアマネジメントが必要とされている。

さらに人口減少時代において地域が問われる課題は、まちを持続していくために、いかにマネーや人材を呼び込むかという点である。マネー呼び込みの仕掛けについては、かつてブームとなった地域通貨が、新たな装いをまとって再活性化する兆しが現れつつある。また、クラウドファンディングという新たな資金調達手法も登場している。人材については、人口減少時代では奪い合いとなりがちであるが、必要とされる人材のターゲットを絞って移住を呼び掛け成功する例も出ている。

このように人口減少時代においては、まちを維持可能な範囲にたたみ、残していくエリアの価値を最大限高め、同時に必要とされるマネーと人材をエリア内に囲い込む戦略が求められることになる。本書においては、人口減少時代にまちが生き残るためのこうした戦略、いわば、縮小まちづくりの戦略がどのようなものであるかを探っていく。

こうしてまちの生き残り競争が繰り広がられつつあるが、今後においては、もはや使わなかったり放棄されたりするエリアや土地が増加していくのも避けられない。それは空き家・空き地問題や所有者不明土地問題として、現に深刻な問題となっている。そうした土地をどのように管理していくかも、縮小まちづくりで問われる課題の一つである。

本書では、以上述べてきた縮小まちづくりの戦略について、先進的な事例を取り上げ、それがどのような背景で現れ、また、なぜ成功するに至ったのかについて分析していく。同時に、事例の体系化を図ることで、どのような局面や条件の下で、有効な方策になり得るかを整理する。こうしたことで、人口減少時代にまちが生き残るための、有効な処方箋を提示することを目的としている。

本書の構成は以下の通りである。第1章ではエリアマネジメント、第2章ではコンパクトシティ政策と、まちそのものを存続させるための戦略について考察する。次いで第3章ではマネーの呼び込み、第4章では人材の呼び込みと、まちの中にマネーと人材を囲い込む戦略について取り上げる。第5章では、所有者不明土地の管理の問題を扱う。

本書によって、人口減少下のまちづくりについて、何がしかのヒントが得られるとすれば幸いである。

本書を刊行するに当たっては、時事通信出版局の坂本建一郎氏と植松美穂氏に大変お世話になった。深く感謝申し上げる。

2018年5月

米山秀隆

202X年　地方都市A市
以前は栄えたわがA市——
A市役所
賑やかだった商店街はいまやシャッター通りと化し
まちには老人ばかり…
市のインフラも老朽化し　市も市民もヨボヨボ
こんなまちに誰が住みたいと思う!?
A市　市長
そこで…
私が立ち上げたのがズバリ！　まち再生プロジェクト
まちづくり創造課
バァ――ン

この度 キミたち２名は
このプロジェクトに賛同し
めでたく採用されたわけだ！
ハイッ

わたしもＡ市出身者として
まちを元気にしたいと
常日頃から思っていました！
ボクもです！
まちこ
つくる

とにかく…だ
いまや人口減少
高齢化 そして財政難は
Ａ市にかぎらず
日本全体の問題だ…
オホン
空き家
空き地問題も
しかり
所有者不明の土地は
全国全て合わせると
九州と同じ大きさに
なるそうだ…
かつてのような公共事業や
インフラを維持するのは
ひじょーーーーーに
厳しい状況だ…
だが !!
三世代にわたって
このまちで暮らす
キミたちの力で
是非！
わがまちに活気を
取り戻してほしい！
ハイッ！
と…
返事はした
ものの…
いったい何を
すればいいの？

縮小まちづくり —成功と失敗の分かれ目

《目次》

第1章

エリアマネジメントで生き延びる

―民間と行政の役割―

第１章の要約

人口減少下で、エリアの存続を図るためには、住民や民間事業者、NPO など民間が主体になって、エリアの維持管理や成長管理を行うことで、エリアを活性化させる必要が高まっている。本章においては、既存の住宅地や中心市街地において、エリアマネジメントを行っているケースを取り上げ、どのような局面でその取り組みが有効となるか、また、行政の果たす役割などについて考察した。

エリアの開発当初からエリアマネジメントを行っているケースでは、それがエリアの価値を高める効果を生み、エリアの存続可能性を高めていることが分かった。中途段階の導入でも、エリアに魅力があれば、エリアマネジメントを機能させ、衰退を予防できる場合があることが明らかになった。すでに衰退してしまったケースでも、エリアのポテンシャルが高ければ、民間主体のエリアマネジメントが成り立つ場合があり、また、行政からの補助がいくらかあれば成り立つ場合もあった。より条件の悪いケースでは、行政が立ち上げや資金面を主導することで、民間の力を引き出すことができれば、エリアマネジメントが機能する場合があった。

エリアのポテンシャルを最大限引き出すのが、エリアマネジメントであり、人口減少下では、今後ますますその必要性が高まっていくと考えられる。

第１章　事例のポイント

福岡市百道浜4丁目戸建地区町内会

・当初から良好な街並み形成を意図した開発
・住民活動で良好な街並みを維持、さらに増進
・福岡で有数の高級住宅地に成長

山万

・当初からまちの新陳代謝を意識した開発
・毎年の新規分譲を制限、リノベ物件に若年層流入
・まちの成長管理により、良質な住宅地として成長

東急電鉄

・沿線の高齢化で将来的に衰退の懸念
・駅近マンションにシニア、中古戸建てに若年層誘導
・まちの新陳代謝により活力を維持する狙い

MYROOM

・中心市街地の空き家、空き店舗増加
・民間事業として利活用のマッチング推進
・行政には頼らず、これまで80件再生

尾道空き家再生プロジェクト

・中心市街地の空き家が増加、まちが衰退
・NPOが利活用のマッチングの仕組み構築
・行政は資金補助で官民連携

つるおかランド・バンク

・空き家、空き地が点在するスポンジ化進展
・NPOが利活用のコーディネート推進
・官民が出資するファンドで資金補助

やる気は
まんまんだけど…
何の仕事を
すれば…
…
ガチャ
よっ
キミたちに心強い
アドバイザーを
招いたぞ——
彼はヨネヤマ
特命課長
彼と３カ月で
“新しいまちづくり
基本計画”を作成
して欲しい
３カ月〜〜〜!?
ヨネヤマです！
くいっ
よろしく！
まちづくり創造課
全国で意欲的な
まちづくりが
行われましたが
その成果は
さまざまです——
まずは成功例を
紹介しましょう
福岡市
百道浜——

計画当初から
まち並みや
自治会活動に配慮し
30年経った現在も
高所得者層を中心に
意識の高い人たちに
人気のまちです
へ〜〜

次に上手く
いかなかった
まち――

○○○ヒルズに――
○○○ニュータウン

高級住宅街を謳って豪勢な家を
たくさん建てましたがまちから
離れた郊外で交通も不便…

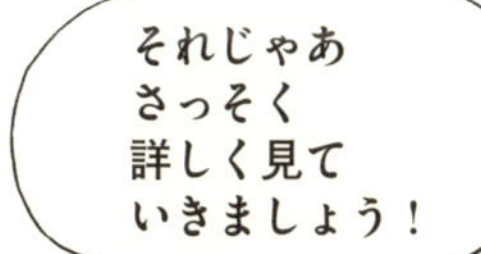
結果
人が集まら
なかった…

ふ〜〜む
つまりエリアの維持管理や
成長戦略が重要ってこと
かな…
立ち上げから
価値を高める
仕組みを入れる
ことはポイント
だと思うわ！

それじゃあ
さっそく
詳しく見て
いきましょう！

1　エリアマネジメントとは何か

エリアマネジメントについては、国土交通省が今から10年前に、エリアマネジメントの進め方を解説するとともに、先進事例を紹介するマニュアルを作成している（国土交通省〔2008〕）。そこでは**エリアマネジメントは、「地域における良好な環境や地域の価値を維持・向上させるための、住民・事業主・地権者等による主体的な取り組み」と定義されている。**

国土交通省がこの時点でこのようなマニュアルを作成した背景には、成長都市の時代から成熟都市の時代への移行に伴い、行政による民間開発のコントロールを中心としたまちづくりから、民間、市民による管理運営（マネジメント）を中心に据えたまちづくりへの移行の必要性が認識されていたことがある。

現在においては、人口減少が本格化し、空き家、空き地が増加する中、良好な住環境を維持、創出するためのマネジメントが、より一層必要とされるようになっている。空き家問題はここ数年大きくクローズアップされ、空家対策特別措置法の施行など行政による対応も進んできた。しかし、これまでのところ、個別の問題空き家への対処やまだ使える空き家の再生など「点としての対応」が中心であり、まちづくり全体の中で空き家問題に対処していくという「面（エリア）としての対応」はあまり進んでいるとはいえない。

一方で、市民や事業会社、NPOなど民間を主体とする活動の中には、個別の物件再生の動きから始まりながらも、エリア全体の再生を視野に入れた活動に発展している例も出ている。あるいは、当初からエリアを永続させることを志向して成長管理的な手法でまちづくりを行い、各地でエリアの衰退が進む中、その活動の先進性が際立つような例も現れている。

活動の発展形態も多様で、民間主体の活動から出発しながらも、行政がその成果に注目し行政との連携に発展したりする例、また、逆に行政が仕掛けることで民間の潜在力を呼び起こすような例などがある。活動開始時期も、当初から活動をしてきた例、逆に衰退の極みに至って民間や行政による仕掛けが登場し、それが成果を出し始めているような例もある。エリアマネジメントの先進事例についてはこれまで、小林編著〔2005〕、小林編著〔2015〕などによって紹介されてきた。これらでは、主として大都市の再開発や既成市街地の再生において、まちづくり協議会などの形でエリアマネジメントの組織化が比較的しっかりとしている事例が紹介されている。これらの関係者によって、2016年7月には「全国エリアマネジメントネットワーク」が設立され、普及、啓発活動が推進されている。

本章においては、既成住宅地や中心市街地の維持、再生で成果を出しているケースのほか、エリアマネジメントとしてまだきちんと組織化されていなくても、その萌芽が見られ今後の発展可能性が高いケース、あるいは、個人の活動が周りを巻き込んでエリアマネジメント的な活動に発展しているケースなど、これまでエリアマネジメントとして取り上げられてこなかったケースにも目を向け、**人口減少下でエリアを持続的に維持していく活動の意義や、どのような局面でその取り組みが有効となるか、ビジネス化の境界などについて検討を加えていく**ことにしたい。

具体的にはエリアマネジメントが導入された時期別に、①エリアの開発当初から導入されたケース、②エリアの衰退予防の活動として立ち上がったケース、③衰退後の再生活動として立ち上がったケースの三つに分け、それぞれの事例を取り上げる。

①としては、福岡市シーサイドももち（百道浜4丁目戸建地区町内会が実施）、佐倉市ユーカリが丘（山万㈱が実施）、②としては、東急沿線（東急電鉄㈱が実施）、③としては、長野市善光寺門前（㈱MYROOMが実施）、尾道市旧市街（NPO法人尾道空き家再生プロジェクトが実施）、鶴岡市中心市街地（NPO法人つるおかランド・バンクが実施）をそれぞれ取り上げる。

本章では以下、2ではそれぞれの事例の考察を行い、3ではそれらを類型化しエリアマネジメントのパターンを分析する。4では以上をまとめ、今後の課題について述べる。

2 エリアマネジメントの事例

福岡市百道浜4丁目戸建地区町内会（シーサイドももち中2街区）

■高級住宅地に成長した背景

まず、そもそも魅力ある住宅地として開発され、それが適切に維持管理されることで価値を持続的に向上させ、衰退とは無縁なエリアになっている例を紹介する。すなわち、**開発当初からエリアマネジメントが機能している例**である。

福岡市早良区にある百道海岸を埋め立てて造成された**「シーサイドももち」**では、1988年から1993年にかけて、デベロッパー7社が高層マンション、低層マンション、戸建て住宅など2,000戸あまりを開発、分譲した。その中で百道浜4丁目（シーサイドももち中2街区）は、シーサイドももちにおける唯一の戸建て住宅地として、1989年に開催されたよかトピア（アジア太平洋博覧会―福岡'89）での戸建て住宅フェアを契機として、積水ハウスが開発した。区域面積は8.2haで、住宅戸数は約200戸である。

百道浜の最寄り駅は、福岡市の中心の天神駅から電車で10分の藤崎駅であるが、藤崎駅から戸建てエリアまでは15分程度歩かなければならず、利便性は高くない。それにもかかわらず高級住宅地として成長した。その秘密は、建築家の宮脇檀が作成したプランに基づく、統一感のある建物の形態と外構、美しい御影石の石積みや豊かな植栽、緑道、電線地中化などによって良好な街並みが形成され、それが住民の手によって守られてきた点にある（図表1-1）。ここにしかない高級感のある景観が、住民の努力によって年月とともに風格を増し、落ち着きと気品に満ちたものに育っていったことが、百道浜の住宅地としての価値を向上させてきた。1997年には、福岡市都市景観賞を受賞した。

1989年の分譲とともに、住民による町内会が結成された。住宅建設が終わったブロックから協定が締結され、1989年にはA地区、1991年にはB地

●図表 1-1　百道浜４丁目戸建地区の街並み

（出所）国土交通省（2008）

区で建築協定と緑化協定が締結された。その後、2001 年には両地区同時に更新され、地区で別々だった協定は統合された。両地区合わせて約 5.9ha、206 区画となっており、締結率は 94.5%に達する。主な建築基準は、建物の高さは 2 階までの 10 m、屋根は勾配屋根のみ、外壁の後退距離は道路境界線上では 2.0 m 以上（南は 2.5 m）、隣地境界線上では南側 3.0m、北側 1.5 m、東西 1.2 m となっている。一方、緑化協定は道路に面した部分について結ばれており、生垣を主とした連続的なグリーンベルトの形成を支えている。また、元々分譲時に策定されていたシーサイドももちアーバンデザインマニュアルでは、戸建て住宅地区の基準として、敷地の間口は最低 12 m、敷地規模は 200㎡以上とし、再分割を禁止している。

1993 年にはこの地区の小学校が誕生し、同じ生活水準の人が集まり、小学校の教育水準の底上げにつながったとの評価もある。この地区には、医師の居住者が多いという。

地区の活動は、日々の生活は町内会、街並みづくりは建築協定、緑化協定の運営委員会、共有地の管理は共有付属施設管理組合になっている。これらを一体的に運営するため、町内会の役員・組長を持ち回り制とし、役員は協定運営委員や管理組合役員を兼ねている。エリアマネジメントの主体はこれら組織である。住民は各協定に同意の上で購入しており、住民の住環境の意識は当初から高かった。

1999年には、街路樹の根元に植栽する花壇づくりの取り組みが始まり、これが100カ所ほどに拡大していった。この活動は福岡市の助成金を受けることができ、2001年には福岡市緑のまちづくり協会による「緑のまちづくり特別賞」を受賞、2007年にも再度表彰された。さらに2009年には、住宅生産振興財団の「住まいのまちなみ賞」を受賞した。

福岡市の住宅地として高い評価を受け続けており、住民にとっては適切な維持管理を続けていくことが、自らの資産価値を上昇させることにつながっている。また、価値が市場で評価されるという事実が、さらに住民に維持管理のインセンティブを与える好循環となっている。

■「チバリーヒルズ」との比較

単に高級仕様であればいいわけではないことは、同じくバブル期の1989年に東急不動産が分譲した千葉市緑区あすみが丘の「ワンハンドレッドヒルズ」が、その後価値を大きく下げたのと対照的である。東急不動産が開発した住宅地（4,200戸）の一角に造成された（17ha、61区画）。最寄り駅は、JR外房線土気駅である。

敷地面積は1,650～3,300㎡、住宅床面積は400～660㎡、敷地内にプールを設置し、価格は5億～15億円という超豪華な仕様は、分譲するとすぐに買い手がつき、話題を呼んだ。街並みにも工夫をこらし、電線は地中化し、車道と歩道の間に1m幅のグリーンベルトを設け、歩道から各戸の塀まで6m幅で芝生を植えた。街並みを守るため、建築協定によって街並みに合わない改築を制限したり、土地が切り売りされないよう、契約に規制項目を入れたりした。アメリカのビバリーヒルズを意識して企画されたため、チバリーヒルズとも呼ばれた。購入者の多くは中小企業オーナーで、週末の別荘用などが多かった。

しかしまもなくバブルが崩壊し、売り出された49戸のうち売れたのは半分程度にとどまり、残った区画の着工もストップした。バブル期とはいえあまりにも高額で、都心から電車で1時間半と遠すぎることもネックになった。1997年当時では、当初7億円で売り出された物件の競売価格は2億2,000万円と3分の1になった。

こうして、「日本で初、世界に通用する高級住宅地」とのうたい文句とは裏腹に、ワンハンドレッドヒルズはゴーストタウン化していった。住環境の悪化により、1997年には住民らが、24時間の警護態勢を約束しながら、出入り口にゲートがなく不審者がチェックできないなどとして訴訟を起こす騒動に発展した。当時、ワンハンドレッドヒルズに住んでいたのは4世帯あまりであった。東急不動産は長く価格を引き下げなかったが、2000年には価格を引き下げて売り切る方針に転じ、当初の4分の1の値段でようやく新たな買い手が現れ始めた。

ワンハンドレッドヒルズは、超高級仕様で富裕層の需要を狙ったものであったが、バブル崩壊後はそうした需要は急減、その後の開発も頓挫して「バブルの遺跡」と化してしまった。常時住む人が少なかったことは、維持管理に手をかけ住宅環境を維持しようという意識を住民の間で醸成させることを難しくした。

東急不動産はバブル崩壊した後もしばらくは、それでも価格は下げることなく、長期的なまちづくりを目指そうとした。しかし、バブル崩壊の影響はあまりにも大きく維持できなくなった。計画当初は確かに需要が見込まれたが、そうした状況が永続すると考えたことが見込み違いとなった。もしバブルが崩壊することなく、需要が途切れることがなければ、資産価値を維持しようとする住民の意識も高まり、モデルとしたアメリカの高級住宅地のように、長期的に価値を保つ住宅地になった可能性はある。しかし、富裕層の特殊な需要を狙ったことが裏目に出て、それは叶わなかった。

これに対し、シーサイドももちでは、より一般的な住宅需要を都心に近い立地で開拓し、住民が適切な維持管理を行うことで資産価値が向上するようになり、高級住宅地に成長していった。開発者である積水ハウスの構想が、住民にうまく引き継がれ、自律的な活動につながっていった。住宅地としての人気が続く限り、空き家や空き地が発生し、エリアが衰退していくことはない。そもそも住宅地として魅力ある造成を行い、適切な管理によってそれが維持され、また、**人気の住宅地として住民の新陳代謝が行われる構造となっていれば、長期にわたってそのエリアが持続する可能性が高まるという例である。**

山万㈱（佐倉市ユーカリが丘）

■開発のコンセプトと経緯

次に、**開発業者がまちの成長を管理し、当初から持続的なまちづくりを目指している例**を紹介する。業者主体で、住民を巻き込む形のエリアマネジメントである。

山万㈱は、現在はデベロッパーであるが、元々は繊維問屋で、担保でとった横須賀の土地を開発したことを契機にデベロッパーに移行した。繊維が手形商売で競争が激しいため倒産による手形回収のリスクが高いのに対し、不動産は現金ですぐに回収できる点、また不動産は自分たちの仕事が永久に残る点を魅力に感じたという。

最初のまちづくり事業である「湘南ハイランド」（横須賀市）は、3,500戸、1万人の街に成長したが、デベロッパーが通常行う、分譲後は住民にお任せという「分譲撤退型」の開発で、本当のまちづくりをやりきれなかったとの思いが募った。繊維業界では、縫製業者や小売業者など得意先とはとことん付き合うのが当たり前であるが、造成して売るだけでは理想のまちづくりはできないと感じた。また、湘南ハイランドは久里浜から徒歩30分で交通の便が悪いが、バス会社がバスを運行させたのは最終分譲の頃で、自社で最初から交通整備をしなかったという点も反省材料であった。

ユーカリが丘は、千葉県の新産業三角構想、すなわち成田国際空港、幕張メッセ、かずさアカデミアパークのトライアングルの真ん中に位置しており、都心からも1時間圏内であることから、将来性が高いと見て、1971年から買収に着手した。水がめである印旛沼にも近く、乱開発からも守られるだろうと考え、「自然と都市機能の調和した21世紀の新環境都市」というコンセプトをつくった。土地買収は、買収に難色を示す農家を説得して4年かかった。

ユーカリが丘は計画約245 ha、約8,400戸、計画人口3万人でスタートし、現在は7,000世帯、1万8,000人ほどのまちに成長している(図表1-2)。まずは、京成電鉄のユーカリが丘駅からテニスのラケット状に、山万ユーカリが丘線という新交通システムを整備した。導入したのは電気を動力にゴムのタイヤで専用の軌道を走るという、当時開発されたばかりの新交通システム（新交通ゆりかもめと同じシステム）で、純粋な民間企業経営の鉄道としては、戦後初の認可を受けた。まだ誰も住んでいない段階での鉄道の敷設は、長期的展望の下で成長管理していくための先行投資と位置付けられた。

山万ユーカリが丘線は6駅を14分ほどで結んでおり、その外側を順番に開発していった。ユーカリが丘駅周辺に超高層マンションや商業施設を集積させ、そのほかの駅周辺には中高層マンションや生活利便施設を配置した。そして、すべての駅から徒歩10分の範囲で住宅地を平面開発した。住宅地には高い建物や大きな商業施設は作らず、緑豊かな閑静な住宅地を形成した。戸建て住宅では良好な景観を形成するため、年間2万～3万円の費用を徴収して庭木の剪定や消毒などの管理を行っている。山万ユーカリが丘線の内側は、田んぼと緑地が残されており、良好なビオトープともなっている。

第1期開発の開発許可は1977年、第2期は1987年、その後、2002年、2008年に土地区画開発事業の認可を得て4回に分けて開発が行われた。ニュータウンの場合、いっぺんに分譲すると、一定の期間が経つと住民の高齢化や建物の老朽化が一斉に進み、急速にまちが衰退していくが、それを避けるため、年間200戸の定量分譲とすることとした（タワーマンション分譲の場合は300戸近くの場合もあった)。1979年から分譲を開始し、1980年に第1期の入居が始まった。バブルの前後でも、定量分譲のペースは守った。

一方、都市機能としては、ショッピングセンター、ホテル、映画館、カルチャーセンター、スポーツクラブ、病院、温浴施設などあらゆる施設を揃えた。都市機能を充実させたのは、そうでなければ若い人が戻ってこなくなり、いつかまちが廃れてしまうとの認識があった。

●図表 1-2　ユーカリが丘全体図

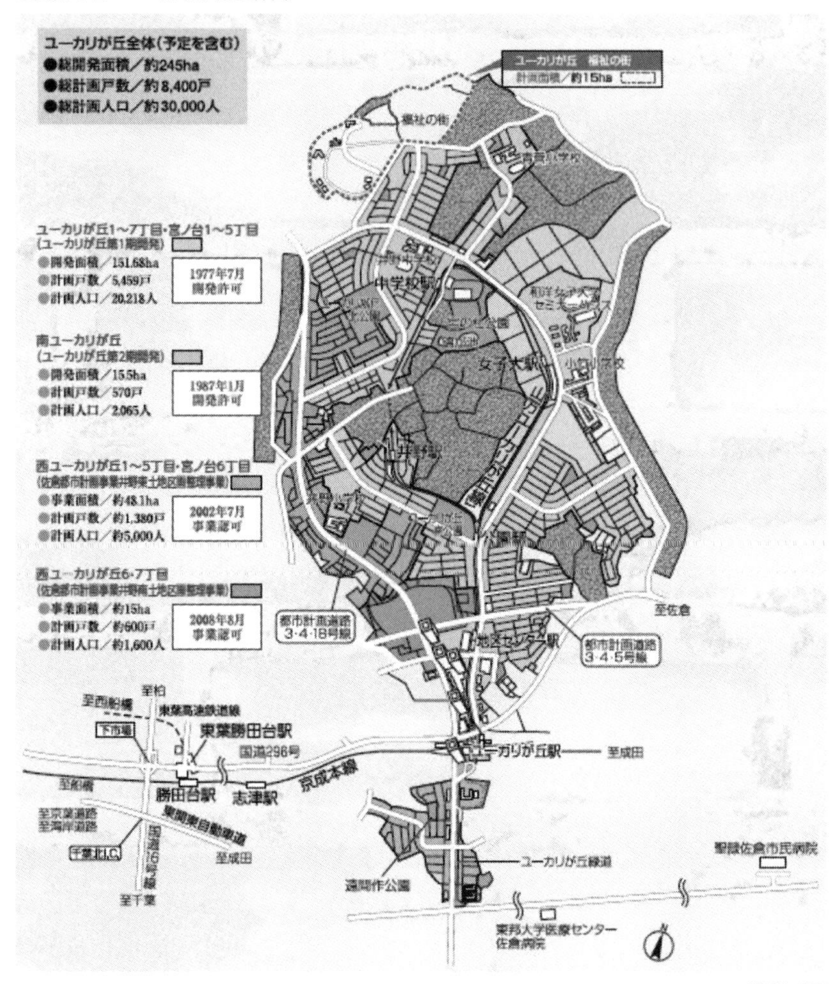

（出所）山万

このようにユーカリが丘では、**分譲撤退型ではなく、長期的にまちを成長させ、また新陳代謝を図っていく「成長管理型」の開発コンセプトに基づいて、今日まで着実にまちを発展させてきた。**この背景には、湘南ハイランドで新陳代謝を起こすことができなかったという反省があった。こうした長期的な視野に立つ経営を支えているのは、あえて上場していないという点にある。赤字の事業でもやらざるを得ない場合が出てくるが、上場していると短期的な利益が重視され、行いにくくなる弊害がある。

また、分譲撤退型ではなく成長管理をしていくということは、社員もそこに根差していくということで、社員のほとんどはユーカリが丘に住んでいる。社宅、独身寮もユーカリが丘にある。そこに住んでいる以上、自治会やPTA、NPOなどの地域団体に入り、市民としての活動も行っていることになる。住民になりきらないと、本当の意味での情報やニーズを把握することは難しいという。さらに、グループ会社をつくり、地元の雇用も創出してきた。例えば、ユーカリが丘駅前にあるウィシュトンホテル・ユーカリや、社会福祉法人の設立である。

■ 循環型の仕組みの構築

1990年代からは少子高齢化を見据えたさまざまな仕掛けを構想し、子育て支援として認可保育所、認可外保育所、学童保育所などをつくった。高齢者施設としては、1998年に特別養護老人ホームを誘致、2005年には独自に社会福祉法人を設立し、2007年に認知症対応型グループホームの真ん中部分に学童保育施設を配置する幼老一体型の施設をつくった。有料老人ホームも運営し、「ゆりかごから墓場まで」対応する態勢が整いつつある。ユーカリが丘でも、団塊世代が75歳を迎える頃には、後期高齢者数は2,000人ほどに達すると予測されている。

住民の循環、新陳代謝を積極的に促すための仕掛けとしては、2005年に、「ハッピーサークルシステム」という仕組みを設けた（図表1-3）。これは、ユーカリが丘の中で住み替えてもらうシステムで、例えば、高齢者が戸建てからマンションや高齢者向け施設に移る際、査定額の100％で買い取り、買い取っ

●図表 1-3　ハッピーサークルシステム

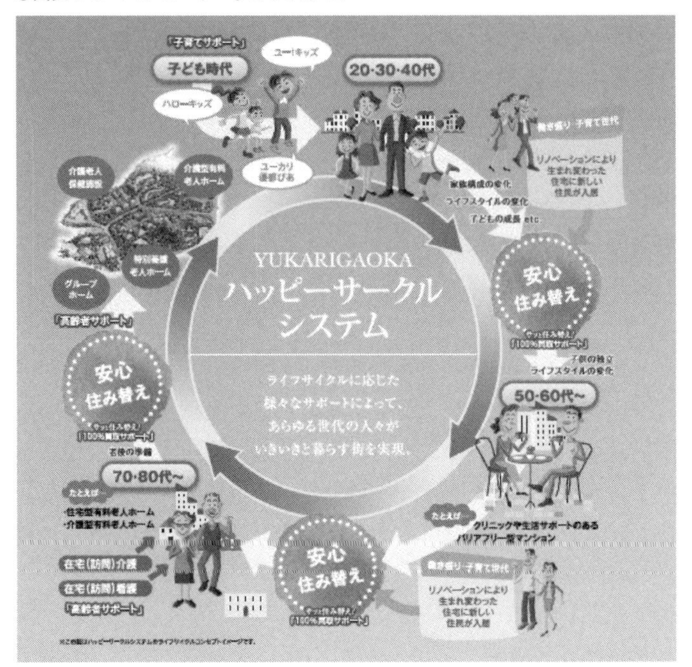

（出所）山万

た物件はリフォームして新築価格の7割で再販売するというものである。最近では、年間200戸の販売のうち、3割近くはハッピーサークルシステムを使って、ユーカリが丘内で転居するという傾向になっている。タワーマンションを開発した際には、エリア内からの戸建て住宅からの転居が増え、この割合が3割を超えた。

ユーカリが丘の新築物件には手は届かないが、中古のリノベーション物件を購入して若い世代が入ってくるというサイクルも出てきた。今後、10～20年のうちにすべての開発を終えるのをにらみ、リフォームや買い取りなどのストックビジネスに軸足を移していく考えである。

住民のニーズを把握する仕組みとしては、世帯アンケートを3年に1回行っているほか、2008年にはエリアマネジメントグループを設け、メンバーが年に3回ほど1軒1軒訪問し、住民の声を直接聞いている。人間関係の構築が、後々のリフォームや物件活用などのビジネスにもつながっていくとの考えである。

このようにユーカリが丘では、まちの成長管理を行い、住民の新陳代謝や建物の再利用を進めていくことでまちを持続させ、事業もまた永続させていくという理念を実践している。その結果、過去5年間（2011～15年）で子ども（小学生以下）人口は約47%、610人も増え、高齢化率は全国平均よりも常に2～4ポイント前後低い状態を保っている。住宅地として高い評価を受け続けている。ユーカリが丘では、今後は大学を誘致することで、大学連携型のCCRC（Continuing Care Retirement Community）を目指している。

エリアマネジメントの海外における先進事例としては、アメリカの管理組合方式のHOA（HomeOwners Association）、イギリスのレッチワースの専門会社型などが知られているが、前者は住民の合意形成が難しく、後者は住民の主体性が育ちにくいという弊害が指摘されている。これに対しユーカリが丘では、その折衷型を志向し、業者と住民が協働で進めていくまちづくりを目指している。社員の過半がまちに住み、業者としての立場から、また住民としての立場からエリアマネジメントを支えているのはユニークである。

東急電鉄㈱

■沿線の循環モデルの試み

三番目の事例として、**当初、エリアマネジメントの仕組みはなかったが、将来の衰退の可能性を視野に入れ、エリアマネジメントの発想を開発に取り入れ始めた業者の例を取り上げる。**

東急沿線は現在も若年ファミリー層の流入が続いている人気の住宅地である。しかし、団塊世代などが後期高齢期に突入するのに伴い高齢化が進展し、東急線の通る沿線17市区の人口は2025年をピークとして減少に転じ、2040年には2010年以前の水準にまで落ち込むと予想されていた。減少スピー

●図表 1-4　東急電鉄の循環の仕組み

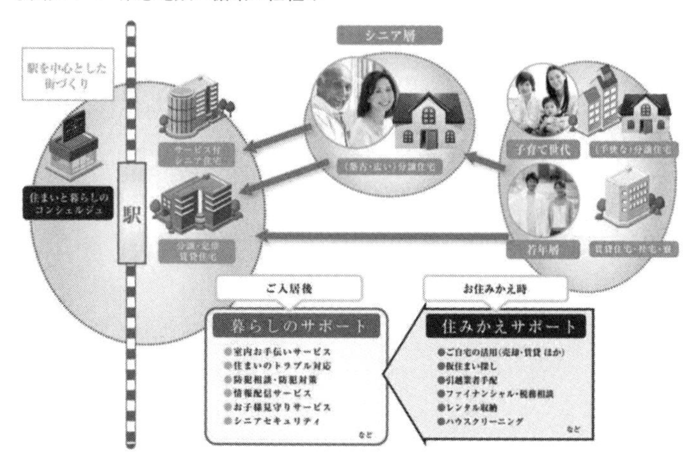

（出所）東急電鉄

ドは全国を上回る。

このままでは空き家が急速に増加することが予想されるが、いったん空き家になると、建物の活用可能性という点でも、権利関係の調整や整理といった面でも再生を図ることが難しくなる。そこで、空き家になる前の未然の対応策として、地元で戸建ての持ち家を持つシニア層にターゲットをしぼった駅近のマンションを開発して転居を促す一方、空いた戸建てに新たな住民を呼び込むという循環を意図的に呼び起こす試みを行った（図表 1-4）。

2012 年に分譲を開始した「ドレッセ たまプラーザ テラス」（横浜市青葉区、総戸数 92 戸）がそれで、東急田園都市線たまプラーザ駅につながり、クリニックやデイサービスなどの施設も入った複合商業施設である「たまプラーザ テラスリンクプラザ」にも隣接している。**通常の分譲マンションではなく、期間 52 年の定期借地権付きマンションを社有地に建設した。期間満了時にマンションは解体され土地は東急電鉄に返還されるため、東急電鉄はその後、新たな開発に使うことができる。**購入者にとっては、土地が所有権でない分、安く購入することができる（ただし、地代の支払いや将来の解体に充てる積立金が必要）。シニア層がターゲットであれば、52 年の期間で十分と考えられ、期間満了後の住まいを心配する必要はない。

2回に分けて販売されたが、いずれも即日完売の人気であり、1回目の会員向け販売のデータによれば、購入者の平均年齢は57.5歳で60歳以上が51%、持ち家率は83%、平均家族数は2.3人であった。居住地は横浜市青葉区57%、川崎市19%、青葉区以外の横浜市10%であった。狙い通り、地元のシニア層が主たる購入者となった。東急電鉄の通常の分譲マンションの購入者は、30～40代、持ち家率は高くても数十%であるといい、その違いが際立っている。購入者の従前の持ち家については、住み替えの前後での売却、リフォームして賃貸化、子どもへの引き継ぎなどの動きがあったという。ただし、購入者の過半は従前の持ち家を持ち続ける意向で、循環が絵に描いたようにうまく進んだわけではなかった。

東急電鉄がこうした循環を通じたストックビジネスに取り組み始めた背景には、たまプラーザ駅のある東急田園都市線での開発が始まったのが1963年で、それから半世紀が経過して新たな戸建てを分譲できる余地がほとんどなくなったという事情もある。東急電鉄は「住まいと暮らしのコンシェルジュ」という相談窓口を設け、沿線での住み替えの支援も行っている。東急グループのみならず、介護事業者などとも提携し、暮らしに関するシニア層の相談に応じている（住まいと暮らしのコンシェルジュは、「2016年度東京都相続空家等の利活用円滑化モデル事業」に選定）。

東急電鉄はドレッセたまプラーザテラスの経験を基に、2012年4月に横浜市と「次世代郊外まちづくり」の協定を結び（2017年4月に協定更新）、郊外の持ち家を持つシニア層が、医療や生活に便利な駅近の定借マンションに住み替え、空いた持ち家を活用するという取り組みを広げようとしている。未利用公有地などに地域の拠点となる利便施設を整備する際、サービス付き高齢者向け住宅、シェアハウスなど多様な賃貸住宅のほか、マンションも設けたい意向である。

東急電鉄の取り組みは、まだ本格的なエリアマネジメントには至っていないが、将来的にはそのような形に発展していく可能性を持つ萌芽といえる。意図的に住民の新陳代謝、循環をつくり出そうとしている点は、ユーカリが

丘と共通の要素を持っている。ユーカリが丘は開発当初からそれを明確に意識した。これに対し東急電鉄の場合は、近い将来、沿線の人口が減少し、また、新たな土地開発の余地がなくなる中で、既存ストックを循環させていく取り組みが、沿線の人口を維持して活力を保ち、東急電鉄の事業を継続していくためにも必要だという考えに至ったからこそ、こうした取り組みを行った。

■他の電鉄会社の取り組み

同様の取り組みは他の電鉄会社でも現れている。相模鉄道は輸送人員が1995年の2.5億人をピークとして1割減少しており、危機感が強い。利用者の多くが都内への通勤者であるが、これまでJR東海道本線や東急東横線に乗り換える不便を強いられ、不利な状況に置かれていた。しかし今後は、2019年度には相鉄・JR直通線、2022年度には相鉄・東急直通線が開業する予定で、都心に直通となる。沿線の住宅地としての魅力を高め、人口を呼び込む格好のチャンスとなる。

一方相鉄では、いずみ野線沿線を中心に1950年に開発が本格化したエリアが広がっており、高齢化と空き家増加対策が急務となっている。そこで2016年3月から「相鉄の空き家バンク＆リース」の取り組みを開始した。一戸建ての持ち家は手放したくないが、駅から遠いなどの理由で暮らしにくくなって住み替えを考えているシニア層などを対象に、空き家を借り受けて戸建て賃貸住宅（原則として7年の定期借家契約）として貸し出すサービスである。賃貸化する場合、リフォームが必要になるが、このサービスではリフォーム費用を前払いされる賃料によって賄うことができる。このため空き家所有者は、手持ち資金なしで賃貸業を始めることができる。リフォームは、若年層や子育て層のニーズに合った形で行い、新たな沿線住民の呼び込みを狙う。

相鉄では、「選ばれる沿線の創造」に向け、世代間の住み替えが促進される「“ターンテーブル・モデル”による街づくり」のコンセプトを掲げている。エリアマネジメントとまではいえないが、将来的にその萌芽となり得る取り組みといえる。

㈱MYROOM（長野市善光寺門前）

四番目の事例として、**すでに衰退したエリアにおいて、エリアの再生を図ろうとする動きが民間から立ち上がった例**を紹介する。

善光寺門前は、歴史ある木造建築や土蔵が多く残る。しかし、郊外化の進展とともに衰退し、門前町の人口は1989年のピーク時から3割減少し、空洞化が深刻な問題となっていた。そうした中でも、空き家、空き店舗を活用する動きは散発的には現れていた。それが組織化されるきっかけになったのは、**2009年に門前町のクリエイター団体である「ナノグラフィカ」が、地元公民館が実施する「善光寺門前町再発見事業」に採択されたのがきっかけだった**（2009・2010年度「長野県ふるさと再生雇用特別基金事業」）。

ナノグラフィカはクリエイター集団であるため、空き家の紹介などソフト面の支援を行うにとどまっていたが、建築士の倉石智典氏（MYROOM代表）がこのプロジェクト（「長野・門前暮らしのすすめ」プロジェクト）に参画したことで、改修支援なども行うことができるようになり、空き家、空き店舗の再生が増えていった。橋渡し役、すなわち**エリアマネジメントの主体が登場したことで、古い建物に魅力を感じ、活用したいと考えていた層の需要を掘り起こすことができた。**

MYROOMは善光寺から徒歩15分ほどまでのエリアで事業展開している。長野出身の倉石氏が、東京での都市計画事務所や大手不動産販売会社での勤務を経て実家の工務店に戻った後、リノベーションの仕事を手がけたいと2010年に立ち上げた。

空き家、空き店舗は、自転車でまちを巡りながら見つけることが多く、見つかったら謄本を取り寄せ所有者を訪ねる。10軒の謄本を取り寄せ、1軒の情報が分かればよく、10軒の所有者を訪ねて話に乗ってくれる人は1～2人だという。1～2%の確率だが、物件探索の作業に時間をかけ、所有者との関係性の構築を重視している。所有者は、事業や見学会を通じて知り合った地域の住民から紹介してもらうことも多い。

MYROOMは、不動産業、建設業、設計業をすべて自社でできる体制をとっている。物件探しの後は、仕入れ、商品化、仲介、設計、施工、管理までの業務をこなす。単に空き家・空き店舗を埋めればいいという考えではなく、この物件にはこういう人に入居してもらいたいとの思いで目利きをしているという。

MYROOMで仲介する物件は、改修費（100万～500万円程度）を借主負担としている。MYROOMと借主が一緒に事業プランを練り、借主と建物の使い方を含め所有者に紹介するので、所有者は改修費の負担なく、借主のことも知った上で貸せるメリットがある。借主に初期投資してもらう仕組みは、よりポジティブな借主を選ぶことができる効果も持つ。また借主には、解体時の片付け、内装仕上げや照明器具、家具選びなどに参加してもらうことで、建物への愛着を持ってもらえる。

MYROOMの売り上げの7割は建設工事費で、これに仲介、設計、施工、管理などの報酬が加わる。仕事のほとんどは一人で行ってきたが、二級建築士の倉石氏では手に負えない大きな物件は、外部建築家に設計を依頼している。また、2013年には新たにCAMP不動産というプロジェクトを立ち上げ、**再生事案ごとに関わりたい建築家、不動産業者、デザイナーを募り、事業が終わったら解散する仕組みも構築した。案件ごとに集まって収益を分配する仕組みであり、メンバーは固定していない。**

毎月開催している空き家見学会が最大のプロモーションである。開業5年で80件ほどの物件を手がけており、入居者の多くはアーティストやデザイナー、カフェなどの経営者で、オフィス、店舗としての利用が多い。単に物件を仕入れ、リノベーションして終わりではなく、成功事例を見て次に開業したい人が増えるという循環を促すことを意図しており、MYROOMはエリアの再生をマネジメントする役割を果たしている。

以上のようにMYROOMは、商店街で潜在力のある物件を発掘し、起業したいという人を呼び寄せ、最初は一人でスタートしたものの、近年は専門家を組織化する仕組みも構築し、物件再生、地域活性化に貢献している。完全に事業として行っており、行政の支援は受けていない。

NPO 法人尾道空き家再生プロジェクト（尾道市旧市街）

五番目の事例は、**すでに衰退したエリアにおいて、エリアの再生を図ろうとする動きが民間から立ち上がり、それが行政を巻き込んでいる例**である。

尾道市の旧市街は斜面に木造住宅がひしめき合うように立ち並び、古い洋館も多く残されている。しかし近年は、300 軒超の空き家が発生し、空洞化が深刻な問題になっていた。**尾道空き家再生プロジェクト**は、尾道出身の豊田雅子氏が大阪での旅行会社の勤務を経て、故郷に戻り 2007 年に立ち上げた。仕事で訪れたヨーロッパでは、古い建物が現代の生活と調和しているのに対し、故郷で空き家が増える状況に心を痛め、自分で空き家を探して再生するところから始めた。

尾道に移住したい人は、20 ～ 30 代の若者で手に職を持つアーティストやものづくり系の人が多く、リノベーションも DIY でやりたい意向を持っている。そのため、単なるマッチングだけでなく、様々な取り組みを行っている。所有者からは、現状渡しで格安ないし無償、あるいは工事中は家賃免除などの条件で貸してもらう。入居者へのサポートとしては、会員やボランティアによる残された家財道具の搬出、改修資材の搬入、DIY の作業補助、道具や軽トラックの貸し出し、専門的な作業が必要になった場合の職人の紹介などを行っている。

これによりリノベーション費用は、業者に丸投げするより数段安く上がる。また、再生中の現場では、随時、ワークショップ形式のイベントを行っており、参加費 1,500 円～ 2,000 円程度で職人の手ほどきを受け、一般の人が作業を体験できる。

空き家を購入したり、借り上げて改修してサブリースした物件は 8 年間で 20 件にのぼる。2009 年からは、市から空き家バンク事業を受託し、物件情報や窓口対応を改善するなどして、80 件のマッチングにつなげた。それまでの市による運営では、空き家バンクは開店休業状態だった。

尾道空き家再生プロジェクトでの従来の取り組みは、サブリースで改修費をカバーできるくらいの家賃収入を得るものであった。しかし、近年は、商店街の町家のゲストハウス「あなごのねどこ」としての再生（2012年）、別荘建築で旧旅館のゲストハウス「みはらし亭」としての再生（2016年）と、大型空き家の収益物件としての再生も手がけている。あなごのねどこ（図表1-5）では500万円の借入金、みはらし亭では500万円の借入金のほか、市の補助金600万円、クラウドファンディングで200万円調達した。次は、50畳の大広間を持つ旧旅館の再生を計画している。これら収益物件の再生は、雇用創出も狙ったものである。

尾道空き家再生プロジェクトの会員は現在は、若者、学生、主婦、経営者、大学教授、建築士、デザイナー、職人など200人を超える。活動は会費のほか、サブリース物件の家賃収入、空き家バンク受託費、イベント参加費、各種助成金などで賄っていたが、2012年にゲストハウスを始めてからは、収入が安定し自立した団体として活動できるようになった。

以上のように尾道空き家再生プロジェクトは、個人の思いから出発し、様々な専門家を巻き込み、再生を自ら手がけ、あるいは空き家バンクでマッチングを行い、近年は、ゲストハウスの開設で資金的にも安定してきたという事例である。尾道は、観光地であり文学や映画の舞台としても有名で、元々

●図表1-5　再生物件の事例：あなごのねどこ

人を引き寄せる力があるところに、NPOが活動を立ち上げて成功させることができた。善光寺門前の事例と同様、橋渡し役、すなわちエリアマネジメントの主体が登場したことで、古い建物に魅力を感じ、活用したいと考えていた層の需要を掘り起こすことができた。しかし、善光寺門前のように、民間の独立した事業として成り立つまでの地域ではなかった。

NPO法人つるおかランド・バンク（鶴岡市中心市街地）

最後の事例は、**すでに衰退したエリアにおいて、行政主導で空き家の整理、跡地の有効活用につなげる仕組みを立ち上げ、民間がそれに呼応し、エリアの再生につなげている例**である。

鶴岡市は人口13万人弱の都市であるが、2040年には10万人を割り込むと予想されている。すでに空き家は増加しており、2015年の調査では2,806棟の空き家があることが確認された。鶴岡市は城下町で、敷地が狭く道も狭く入り組んでおり、権利関係も複雑で再開発を行いにくいという事情がある。空き家を活用しようにも売りに出しても売れにくく、接道要件を満たしていないなどの理由で跡地の活用も困難な場合が少なくない。

そこで、市は2011年に不動産事業者や町内会などとともにランド・バンク研究会をつくり、市内の神明町をモデル地区とし、空き家の解体を試みた。その結果、同一建物で所有者が複数いるケースで、民間のノウハウを生かして権利関係の調整などを行い、更地にすることができた。

これを基礎として、2013年に**NPO法人つるおかランド・バンク**を立ち上げた。市のほか、民間都市開発推進機構、不動産団体などからの拠出を受け、3,000万円のファンドを組成した。NPOは20団体で構成されている。空き家と敷地をNPOに寄付または低価格で譲渡してもらい、NPOは除却後の土地を隣地所有者に低価格で売却し、隣地所有者は低価格で譲渡してもらう代わりに土地の一部を道路拡幅のために寄付するなどといったスキームで、空き家の除却と敷地の有効利用を進める（小規模連鎖型区画再編事業）（図表1-6）。中心市街地と日本海沿岸の密集地が対象である。

このスキームでコーディネートを行う仲介業者は、仲介手数料などの対価が得られるが、不動産価値が低いため、調整に要する労力に見合う水準には満たない。そこで、業者を支援するため、ファンドから補助金が支給される仕組みになっている（上限30万円、補助率5分の4)。また、このスキームは、密集市街地での区画整理には通常、多くの費用を要するのに対し、少ない費用で現在の道路の形状を生かしながら住環境を整備できるというメリットもある。このスキームの適用箇所の目標数値は、2021年までに29カ所に設定している。

このように**鶴岡市では、官民が連携して、空き家、空き地を解消する形で密集市街地の区画整理が行われ、地道にまちの再生を行う活動が行われている。**空き家が増えるなどすでに衰退が進んでいるエリアにおいては、民間だけで再生を進めていくことは難しいが、行政が中心となって推進スキームをつくり、資金面の支援も行えば、民間ノウハウを活用することで、エリアマネジメントを進めていくことのできる可能性が高まることを示している。

現在、人口減少による各地で都市の「スポンジ化」が進行している。スポンジ化とは、都市の内部において、小さな穴が開くように空き家や空き地が点在するようになる現象である。こうした現象の進展への有効な対策を講

●図表 1-6　つるおかランド・バンク事業の枠組み

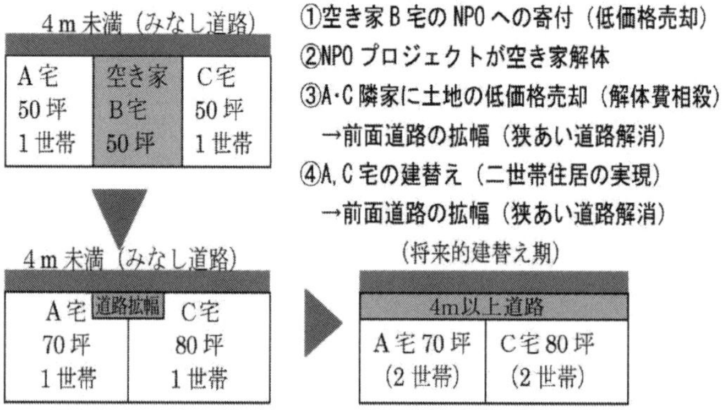

（出所）榎本〔2013〕

じるため、国土交通省は社会資本整備審議会内に「都市計画基本問題小委員会」を立ち上げ、2017年8月に中間とりまとめを発表した。鶴岡市のつるおかランド・バンクの仕組みは、対処方法の一つとして、第1回の委員会で報告された。スポンジ化への具体的対応策として、今後、注目度がより一層高まっていくと考えられる。

3　エリアマネジメントのパターンと有効性

エリアマネジメントを開発当初から導入したケースとして、**シーサイドももちとユーカリが丘の二つを取り上げたが、ともに良質な住宅地として成長した。**適切な維持管理、成長管理を行うことが住宅地としての価値を維持することにつながるため、住民や業者にとってエリアマネジメントは、コストがかかっても十分採算の合う活動となっている。人口減少下でも持続可能なエリアを形成するためには、当初からエリアマネジメント活動を行うことが望ましい。

衰退を未然に防ぐため、**エリアマネジメントの考え方を取り入れた例として、東急電鉄の例を取り上げた。**衰退を防ぐことができるとすれば、これは業者にとって採算の合う活動となる。私鉄の活動はまだ始まったばかりに過ぎないが、これらは将来的にはユーカリが丘タイプのまちの成長管理に発展していく萌芽とも捉えられる。ただし、当初は導入しておらず、中途段階でエリアマネジメントを導入して、衰退を防ぐことができるのは、そもそもエリアとしての魅力や潜在力を備えた場所でなければ難しい。

すでに衰退してしまった場合で、**民間の活動が行政をも巻き込むエリアマネジメント活動に発展している例として、善光寺門前と尾道市旧市街を取り上げた。**前者は民間事業として採算の合う活動であり、後者は民間事業として採算を取ることは難しいが、補助金やクラウドファンディングの助けがあれば、継続可能な活動になっている。ただしいずれにしても、一度、衰退したエリアの再生を図るためには、エリアの潜在力を引き出すアイディアや人材を発掘することが必要になる。二つのケースは、再生のキーマンがいずれも地元出身で、エリアの再生に貢献したいという思いが強かった。

●図表 1-7　エリアマネジメントの類型

名称	契機	主体	成果	採算性	地域特性
福岡市百道浜4丁目戸建地区町内会	開発当初から	住民	美しい街並みの創出、維持による住宅地としての価値向上	○エリア価値維持	郊外型高級住宅地
山万㈱		事業会社	空き家を発生させず、住民を循環させる事業としてのまちづくり	○エリア価値維持	郊外型住宅地
東急電鉄㈱	衰退予防	事業会社	空き家を発生させず、住民を循環させる事業としてのまちづくり	○エリア価値維持	高級住宅地
㈱MYROOM	衰退後の再生	事業会社	空き店舗、空き家の事業としての再生	○	中心市街地
NPO法人尾道空き家再生プロジェクト		NPO、行政	官民連携による空き家、空き店舗の再生	×要補助金	中心市街地
NPO法人つるおかランド・バンク		NPO、行政	官民連携による空き地所有権の移転、再利用コーディネート	×要補助金	中心市街地

すでに衰退してしまったケースで、行政が主体となってエリアの再生を促す仕掛けをつくったのが鶴岡で、行政が資金面で支え、民間の助けを得ることで土地利用の再編を行っている。民間の採算が合わない場合にエリアマネジメントを行うためには、当然のことながら、行政による支援が不可欠になる。

六つのケースは、民間の採算が合うか合わないかでも分類することができ、最初の四つは採算が合い、後の二つは採算が合わず、何らかの公費投入が必要になっている。公費を投入してもエリアマネジメントによって再生して残す価値のあるエリアであれば、公費投入は正当化されるが、そうではない場合には、エリアとしては消滅していかざるを得ない。鶴岡市の中心市街地は、土地利用を再編しつつ、残していくべきエリアと考えられた。

人口減少下で将来的に生き残るエリアの選抜が行われつつあるのが現在の状況であり、**生き残るエリアについては、民間や行政、NPOなど何らかの主体によるエリアマネジメント活動が出現しつつあるというのがまた、現在の状況と捉えられる。**

自治体によっては、すでにすべてのエリアを存続させることが難しくなっているため、まちの縮減、すなわちコンパクトシティ化によって生き残りを図ろうとするケースも多数出ている。そうしたケースでは、今後とも残すエリアにおいて、再開発する場合にエリアマネジメントを当初から導入するか、あるいは残すエリアのそれ以上の衰退を食い止めるためのエリアマネジメントが求められることになる。

人口が増加する時代においては、放っておいても住宅や土地の次の利用者が現れる可能性が高いため、エリアマネジメントの必要性は乏しかった。しかし、人口減少時代においては、エリアマネジメントの巧拙がエリアの持続性を大きく左右することになる。今後、新たに開発される場合には当初からエリアマネジメントを導入することが望ましいが、途中段階でも導入されることになれば、エリアの存続可能性が高まる。

民間事業として成り立つためのハードルは高いが、少しでも公費投入して成り立つ余地があるのであれば、公費投入する価値はある。あるいは行政がぜひ残したいと考えるエリアについては、行政が主体となり、民間の協力を得る形で、エリアマネジメントを導入することも考えられる。

エリアマネジメントは、民間から自律的に立ち上がってくる活動であるに越したことはないが、官民で連携して仕掛けていくことが、今後の地域の再生に重要な要素の一つになると考えられる。

4 今後の課題

本章においては、既存の住宅地や中心市街地におけるエリアマネジメントの事例を取り上げ、それがどの段階で行われるようになり、また、どのような主体が主導しているか、さらにその採算性や行政の果たしている役割について考察を加えた。人口減少下でエリアを存続させていくためには、当初から導入していることが望ましいが、途中段階でもそのエリアのポテンシャルが高ければ、民間がエリアマネジメントに乗り出すことで十分機能する可能性がある。条件が悪く民間が乗り出しにくい場合は、行政が資金的に支援するなどすれば、民間の力を引き出せる場合もある。

ここで取り上げた事例は、既存のエリア全体で何とか生き残りを図れるケースであるが、**人口減少が著しいなど条件が悪く、エリア全体の生き残りがもはや無理な場合には、コンパクトシティ化を図り、エリアを選別した上でエリアマネジメント活動を立ち上げていく必要性が高い**と考えられる。コンパクトシティ政策については、第2章で論じる。

第2章

積極的にたたむ

― まちの集約と公共交通の整備 ―

第２章の要約

人口減少時代に合わせてまちをたたんでいく手段として、コンパクトシティ政策が各地で推進されている。本章においては、これまで出てきた典型的な事例を抽出、類型化し、何が政策推進のポイントになるかについて考察した。

すでに一定の成果を上げているケースとして、夕張市、富山市、岐阜市を取り上げた。夕張市は財政破綻後に、公営住宅の団地を集約する形でコンパクトシティ化を進めており、住民理解のプロセスが参考になる。

富山市は全国有数の薄く広く拡散したまちを集約しなければならないとの危機感が高まり、既存鉄軌道の LRT（次世代型路面電車システム）化を軸とし、居住誘導のためのインセンティブをいち早く設けた。岐阜市は公共交通衰退の危機感から、BRT（バス高速輸送システム）とコミュニティバスによるバスネットワークの構築を先行させて推進した。

今後の取り組みが期待されるケースとして、宇都宮市、埼玉県毛呂山（もろやま）町を取り上げた。宇都宮市は全国初の LRT の全区間新設に取り組んでおり、毛呂山町は、将来的なゴーストタウン化の懸念が生ずる中、空き家対策と連携させた取り組みとして注目される。

コンパクト化を進めていくに当たっては、公共交通の整備が重要になるが、既存の公共交通の状況や地域特性を十分考慮して、持続可能な交通手段は何かの見極めが必要になる。

第２章　事例のポイント

夕張市

・財政破綻後、公営住宅集約でコンパクト化推進

・集約過程での丁寧な住民理解のプロセス

・人口減に歯止めかからず、再生の道はなお模索

富山市

・LRTを整備し、コンパクト化を進めた先駆け

・中心市街地の人口が増加に転じ、活性化

・成果が見え、住民理解が深まる好循環に

岐阜市

・公共交通としてバスネットワークを駆使

・BRTを先駆けて導入

・コミュニティバスは市民主導で立ち上げ

宇都宮市

・まちの縮減、公共交通による連結にこれから挑戦

・LRTの全区間新設が注目点

・費用かかるが、成功すれば他の都市のモデルにも

毛呂山町

・埼玉県で空き家率ワースト１

・居住誘導区域の魅力を高め、人口を維持

・空き家率、地価の意欲的な数値目標設定

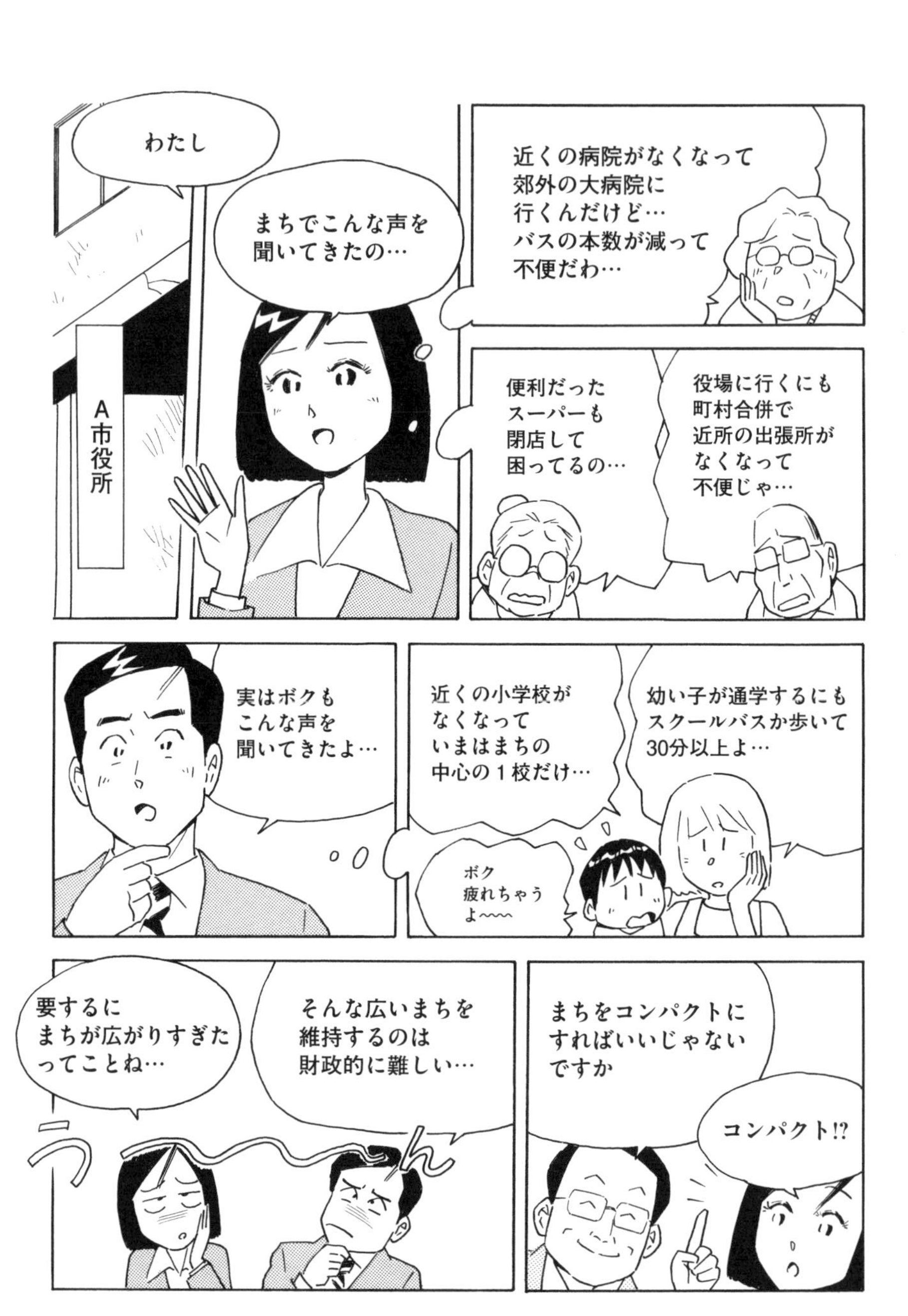
わたし
まちでこんな声を聞いてきたの…
A市役所
近くの病院がなくなって郊外の大病院に行くんだけど…バスの本数が減って不便だわ…
役場に行くにも町村合併で近所の出張所がなくなって不便じゃ…
便利だったスーパーも閉店して困ってるの…
実はボクもこんな声を聞いてきたよ…
幼い子が通学するにもスクールバスか歩いて30分以上よ…
近くの小学校がなくなっていまはまちの中心の１校だけ…
ボク疲れちゃうよ〰〰
要するにまちが広がりすぎたってことね…
そんな広いまちを維持するのは財政的に難しい…
うーーーん
まちをコンパクトにすればいいじゃないですか
コンパクト!?

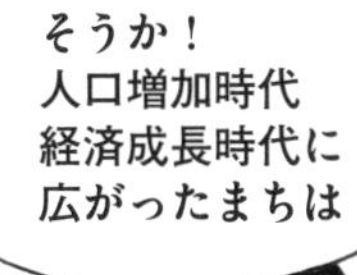

財政的にも維持できるサイズの
暮らしやすいまち！
固定資産税も継続的に
確保可能なまちづくりをするってこと！

1 コンパクトシティ政策の必要性

コンパクト化が求められる背景

前章では、特定のエリアにおいて、さまざまな主体を通じたエリアマネジメント活動を活性化させることで、まちの再生や生き残りを図っていける可能性を示した。しかし、人口増加時代にまち（市街地）が大きく広がったケースでは、その後の人口減少により、空き家や空き地が増え、まち全体の維持が難しくなっているケースは少なくない。

特に、地方の一定規模以上の都市は、高度成長期にまちの拡大が進んだこともあり、その後の人口減少が著しく、結果として薄く広がった状態になったまちを縮減していく必要性が高くなっている。まちが郊外に広がる過程では、中心市街地の空洞化が進んでいる場合も多く、コンパクトシティ化は中心市街地活性化政策とも密接にリンクする。

一方、産業衰退に直面したり、立地的に条件が不利な地域においては、すでに人口が激減したり、将来的な消滅の危機感が強くなったりしており、コンパクトシティ化を進めていかざるを得ないケースもある。

コンパクトシティ化の必要性が主張される場合、主な理由は次の三つである。第一は、**高齢化社会において、日常の買い物や通院において自分で車を運転しなければ用を足せないまちは、暮らしにくいことである。第二に、薄く広く拡散したまちの公共施設やインフラを、人口減少が進んでいく中では、すべて維持することは財政的に困難ということである。第三は、地方においては税収に占める固定資産税の割合が高いが、中心市街地が空洞化してその価値が下がると、固定資産税収が維持できず、財政に悪影響が及ぶ**ことである。一般には、第一の理由が強調されることが多いように見受けられるが、自治体にとっては財政上の第二、第三の理由がより切実である。

立地適正化計画の導入

これまでコンパクトシティ政策は、**改正中心市街地活性化法**（2006年6月施行）の枠組みで行われることが多かった。しかし、**成功事例として取り上げられるのは富山市くらいで、十分な成果が上がったとはいえない。**2006年度に、富山市とともに全国で初めて中心市街地活性化基本計画の認定を受けた青森市では、駅前の商業施設「アウガ」を運営する第三セクターが事実上経営破綻した。2015年に内閣府がまとめた報告では、117市（2015年12月現在）の認定基本計画で、目標達成した評価指標は全体の29％にとどまり、認定市街地の人口シェアもむしろ低下した。中心市街地活性化の仕組みだけでは、限界に達していた。

そこで、新たなコンパクトシティ化の枠組みとして、改正都市再生特別措置法（2014年8月施行）により「立地適正化計画」の仕組みが導入された。立地適正化計画は、住宅と都市機能施設の立地を誘導することで、コンパクトなまちづくりを目指すもので、都市計画マスタープランを補足するものと位置付けられる。策定する動きは急速に広がっており、2017年12月末時点で384都市が立地適正化計画について取り組んでおり、うち116都市が計画を策定、公表した（国土交通省調べ）。

立地適正化計画は具体的には、住宅を集める「居住誘導区域」と、その内部に商業施設や医療施設、福祉施設などの立地を集める「都市機能誘導区域」が定められる。都市計画上の市街化区域よりも狭い範囲に設定され、区域外での開発には届出が必要になる。開発をよりダイレクトに抑制できる仕組みで、まちの空洞化に悩む自治体がこの計画策定に飛びついた形になる。それによって財政支援を受けられることもさることながら、まちの縮減がいよいよ必要に迫られるようになっていることを示している。

取り上げる事例

本章では、まちを積極的にたたんでいくコンパクトシティ政策の具体的事例を紹介していくが、およそ三つに分類することができる。

第一は、**財政破綻で否応なくコンパクトシティ化に踏み切らざるを得なくなったケース**である。夕張市がそれで、現在、公営住宅（旧炭鉱住宅）の集約という形でまちの集約化を進めている。中心市街地活性化計画や立地適正化計画によるものではなく、破綻後の取り組みという特殊なケースであるが、まちづくりで目指す方向は一緒なので参考になる。夕張市で浮上した問題は共同住宅の集約であり、一戸建てを集約するよりは容易であるが、やはり住民の理解を得るのは難しい。この問題をいかにしてクリアするかが重要となる。

第二は、**将来への危機感から、いち早くコンパクト化を進め、一定の成果を出しているケース**である。富山市がそれである。富山市の場合は、既存の鉄軌道を利用してLRT（Light Rail Transit System：次世代型路面電車システム）を整備するとともに、まちの集約を進める、コンパクトシティ・プラス・ネットワーク（国土交通省が用いている用語）にいち早く取り組んできた。富山市の用語では、コンパクトシティ・プラス・ネットワークは「お団子と串」という言葉で表現されている（お団子という拠点と、それを結ぶ公共交通という串）。

すでに成果を出しているケースとしては、**公共交通の整備を成功させ、その後に立地適正化計画でまちの集約に乗り出した岐阜市の例もある。**岐阜市は、路面電車が廃止された後、BRT（Bus Rapid Transit：バス高速輸送システム）やコミュニティバスなどを整備し、バスを中心とする公共交通ネットワークの構築で知られる。新規導入の場合、LRTに比べBRTの導入コストは安く、また、路線変更など柔軟性が高いというメリットもある。岐阜市の場合、すでにバスネットワークの構築は進んでいるので、まちの集約（立地適正化計画）はそれに応ずる形で進めていけばよい。

第三は、**将来への危機感から取り組み始めたが、まだこれからというケース**である。立地適正化計画を策定した大半の自治体はこれに属するが、ここではその代表として、富山市のようにLRTを導入することによって、コンパクトシティ・プラス・ネットワークを進めていこうとする宇都宮市を取り上げる。富山市と異なるのは、既存の鉄軌道を活用するのではなく、全区間新設という点である。それだけに財政的負担が大きく、また、敷設後に計画通りに利用されるのかの見極めが難しい。

これからという事例のもう一つとしては、埼玉県毛呂山町を取り上げる。毛呂山町の立地適正化計画では、空き家率や地価上昇率の目標値を設定している点がユニークである。空き家対策とリンクさせ、また、地価上昇で固定資産税の税収維持を図ろうとしている。**自治体の中で、町村として最初に立地適正化計画を策定したのは毛呂山町**であり、それだけ将来に対する危機感が強いことを示している。

以下では、夕張市、富山市、岐阜市、宇都宮市、毛呂山町の五つの事例を順に見ていく。将来の衰退に対する危機感が特に強い例は、夕張市、毛呂山町であり、それに対して富山市、岐阜市、宇都宮市はそれほどの危機感があるわけではないが、薄く広がったまちを将来的に維持できなくなるという問題意識が強い、地方の大都市（中核市）という共通点を持つ。

また、これら五つの事例は、新たに整備する公共交通として、バスを重視するか（岐阜市、毛呂山町）、LRT を重視するか（富山市、宇都宮市）、それ以外か（デマンド交通重視の夕張市）に分けることができる。LRT を重視する場合、既存鉄軌道を活用するか（富山市）、全区間新設するか（宇都宮市）の違いがある。

この五つの事例だけを見ても、コンパクト化の動機、手法、現状の取り組み度合いにはいくつかのバリエーションがあることが分かり、また、コンパクト化に際して直面する典型的な課題が浮かび上がると考えられる。また逆に、そのような目的が達せられるように選んだのが、この五つの事例である。

本章では以下、2ではそれぞれの事例の分析を行い、3ではそれらを類型化し、コンパクトシティ政策のキーポイントについて考察する。4では今後の課題について述べる。

2 コンパクトシティ・プラス・ネットワークの事例

北海道夕張市

■破綻に至るまでの経緯

夕張市は炭鉱のまちとして、ピーク時の1960年には人口は約11万人に達したが、2010年には1万人と11分の1となり、2016年で8,851人（「国勢調査」）となっている。国立社会保障・人口問題研究所の推計によれば、2015年から2040年にかけて人口は58.1％減少し、約3,900人になる見込みである。

夕張市は、2006年に新聞報道で巨額の債務の存在が明らかとなり、2007年3月に地方財政再建促進特措法に基づく「財政再建団体」となり、2010年には夕張市の破綻を機に制定された、地方公共団体財政健全化法に基づく「財政再生団体」に移行した。旧法で規定されていた「財政再建団体」に代わり、新法では「財政再生団体」と、財政破綻の恐れがある「早期健全化団体」の規定が設けられた。**現在、財政再生団体は夕張市のみで、早期健全化団体は存在しない。**

夕張市は、2007年の破綻時には632億円の負債を抱えており、解消すべき赤字額は標準財政規模（地方税や普通交付税など毎年度経常的に入ってくる、経常一般財源の規模）の8倍の353億円に達した。夕張市は、19世紀末に石炭の露頭が発見されて以来、開発が進められ発展してきたが、石炭から石油へのエネルギー政策の転換に伴って衰退が進み、1990年に最後の炭鉱が閉山された。人口が激減する中、歳入減と閉山対策の歳出がかさみ財政状況が悪化していった。炭鉱から観光へのキャッチフレーズの下、観光施設の整備が行われ、一時は地域再生のモデルとして評価されたものの失敗し、それが債務の膨張を招いた。一時借入金の操作により、赤字を隠し続ける不正な会計処理も行われていた。

■まちの集約の必要性

財政再建は歳出削減を柱とする形で進められたが、まちの構造に起因する行政コストの増大をいかに抑制していくかが大きな課題になっていた。夕張市の集落は、山間部の沢沿いの細長い平地部分に、炭鉱の坑口ごとに形成された分散的な配置となっている。夕張市の面積は東京23区よりも広い763㎢であり、その谷あいに9,000人ほどの人口が分かれて住んでいる形になる。

住民が分散したままでは、インフラの維持管理に多大な費用を要する。国土交通政策研究所の調査（2011年）によれば、公的住宅、道路、橋梁、上水道、下水道、公共施設、道路除雪・凍結防止に関する維持管理費・修繕費等は、2039年には住民一人当たりのコストが現状（2005～2007年平均）の2.7倍になると試算されていた。また、高齢者の孤独死やコミュニティ崩壊の問題も深刻化していた。

そこで2012年3月に「夕張市まちづくりマスタープラン」が策定され、分散している集落を中心部に小さくまとめるコンパクトシティ化の方針が示された。具体的には、市内の南北を走る鉄道、幹線道路を都市骨格軸とし、そこに公共施設や病院、住宅を集約していくこととした。しかし、すぐに都市骨格軸に集約していくことは難しいため、当面（10年程度）は地区ごとに集約を進め、将来的（20年後）に都市骨格軸に集約していく2段階方式が採られることになった（図表2-1）。

夕張市の場合、公営住宅の割合が高いという特徴がある。炭鉱会社が撤退する時に市が社宅を買い取って公営住宅にした経緯があるためである。2011年現在で、約4,000戸の公営住宅があり、人口1,000人当たりの戸数は370戸と全国1位であった。しかし、その3割が空き家になっていた。従って夕張市では、公営住宅の移転集約が、まちの集約に直結することになる。

●図表 2-1 夕張市の都市構造の再編プロセス

＜1．現在の市街地＞
市街地が分散

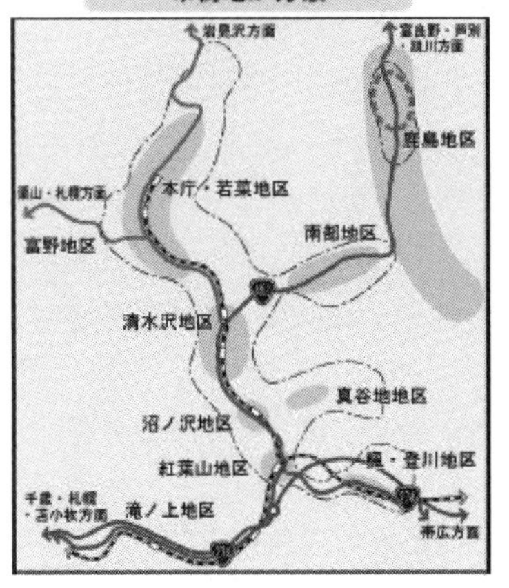

＜2．当面の市街地＞
地区ごとにコンパクト化

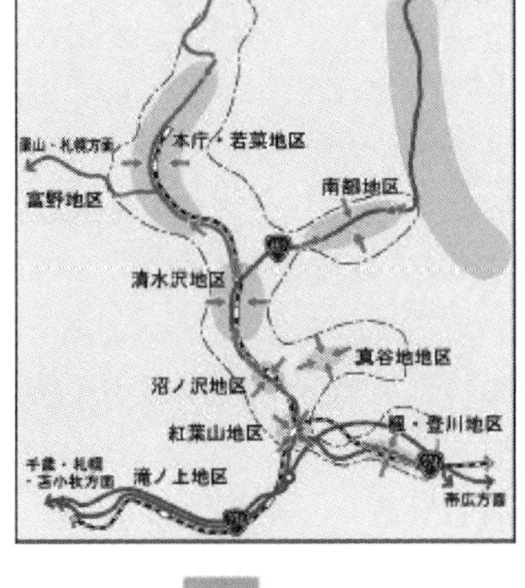

＜3．将来の市街地＞
都市構造の転換

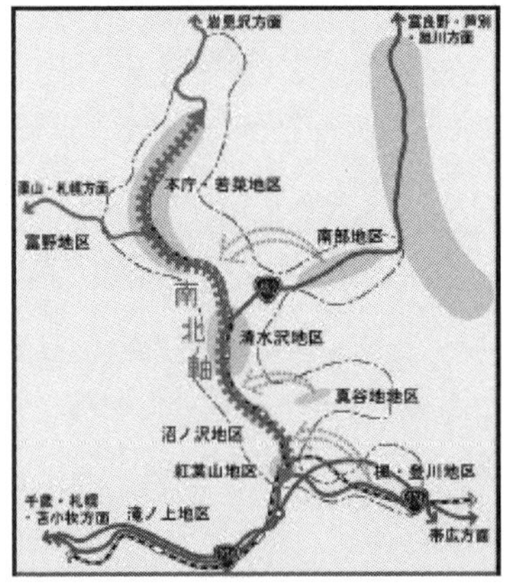

国道　主な道道　北海道横断自動車道　JR線　都市計画区域　用途地域

（出所）夕張市「夕張市まちづくりマスタープラン」2012年3月

■集約の具体的な進め方

マスタープランで将来の都市拠点と位置付けられている清水沢地区には、新たな公営住宅が整備されることになった。夕張市営の歩団地（6棟28戸）、萌団地（2棟12戸）、北海道営の歩団地（4棟14戸）、実団地（6棟30戸）である。このほか夕張市では民間賃貸住宅が極端に少ないため、補助金（1戸当たり300万円）の仕組みを設け、清水沢地区に建設を誘導することとされた。

一方、都市骨格軸から外れている真谷地地区では、20年後は骨格軸に移ることが想定されているが、当面は地区内での集約が進められることになった。団地14棟のうち12棟が集約の対象とされた。集約の考え方は、次の通りである（瀬戸口〔2014〕）。

12棟216戸のうち、空き家が3分の2に達するため、半分の6棟に集約する。すべて3階建てであるが3階は移転先とせず封鎖する（空いた3階の床には断熱材を敷き、断熱効果を高めた）。汚水処理に浄化槽を使っており、浄化槽は2棟単位で共用していることから、2棟ごとに移転対象の棟を決める。その上で、バス停が近く入居者が比較的多い棟、共同浴場や集会所に近い棟、団地内の中心道路に近い棟を移転先とした。

コスト削減のため移転は不可欠とはいえ、移転に際しては住民の理解が不可欠である。住民へのアンケート調査、町内会へのヒアリングや住民ワークショップを通じ、住民の意向の把握が行われた。その結果、コミュニティの場として共同浴場の維持が望まれていること、また、移転に際しての負担として、家賃が上がらないこと、引っ越し負担が少ないことなどが望まれていることが明らかとなった。

さらに、住民に対しては、移転集約によって住戸の設備や温熱環境が改善されることなどのメリットが大きいことが説明された。移転対象世帯のみならず、非移転対象世帯に対しても、共同浴場の改修や全戸の断熱改修（サッシ交換）などのメリットがあることが説明され、団地全体の合意形成に配慮した。そして、移転先を最終決定する際には、各世帯の意向を個別に聞いて対応した。これら手続きでは、北海道大学の協力（瀬戸口剛研究室、都市計画）が非常に大きかった。移転は2013年10月から開始され、2014年8月に完了した。

移転後に全世帯（移転世帯：24世帯、非移転世帯：18世帯）を対象に行ったアンケート調査（瀬戸口〔2017〕）によれば、集約化事業に対する全体評価は、5段階評価で移転世帯は3.3、非移転世帯は3.4と、大きな不満はないことがわかった。3階を封鎖したことにより「階段の昇降」の評価は高く、このほか、「住戸の改修」「温熱環境の改善」「共同浴場の改修」の評価も平均よりも高く、住民が満足していることがわかった。温熱環境の改善により、各世帯の灯油消費量が減るという金銭的メリット、また、集住により1戸当たりの必要除雪面積が減るなどのメリットも確認できた。移転集約により、団地全体の維持管理コストは年間で約500万円削減された。

■集住推進策のカギ

夕張市のコンパクトシティ化は、共同住宅である公営住宅の集約を柱として進めることができ、個人の一戸建て中心の市街地を集約するよりは、難易度は格段に低い。ただ、集約に当たって、住民の理解を得る丁寧な手続き（ヒアリング、住民ワークショップ）を取り、また、単に市の財政上の必要性を訴えるだけではなく、住民に対し（移転世帯、非移転世帯とも）、具体的なメリットを提示できたことが全体の合意につながった。事後的な調査でもメリットが実現されており、それが住民に評価されていることも確認できた。普通に考えれば、できれば住み慣れた住宅を移りたくないと考えるのが人の常で、それを越えるメリットが感じられるかどうかが住民の決断の分かれ目になる。

夕張市の事例からは、コンパクトシティ化を進めていくに当たっては、丁寧な理解の手続きを踏むことと、すべての人に抽象的ではない具体的なメリットを提示できるかどうかが合意の重要なカギになることが分かった。これは、今後、高齢化など地域の衰退に悩み、コンパクトシティ化で集住を強力に推進していこうとする自治体にとって重要な教訓となる。また、住民の合意を得る過程では、地元大学の協力が大きかった。人員削減に苦しむ夕張市のマンパワーやノウハウだけでは、なし得ることではなかった。

公営住宅の割合が高い夕張市では、行政主導でコンパクトシティ化が進められており、他の地区も合わせればすでに300世帯ほどが移っている。他の自治体でも、共同住宅中心の団地を集約しようとする場合、参考になる。個人の一戸建てが圧倒的多数のまちでは、集約の難易度は高く、すぐに実行に移せるものではないが、考え方の基本（理解の手続きと具体的メリット）は参考になる。

■財政再建から地域の再生へ

夕張市では、2007年3月に国の管理下に入ってから10年の節目を迎え、今後10年を見据え、財政再建計画の見直しを行った。2017年度から10年間で子育て支援や産業振興など113億円の新規事業を実施するとともに、住民税の負担を他自治体と同水準まで減らし、市職員の待遇改善も図る。財政再建一辺倒から、地域再生との両立を目指す方向に舵を切るもので、財源には、ふるさと納税や観光施設の売却、各種基金の取り崩しのほか、国からの特別交付税を充てる。

夕張市の人口は、破綻前には1万3,000人だったものが9,000人ほどになるなど、地域の疲弊はますます深刻化していた。公共施設の閉鎖や市民税の一部を上げた結果、子どもの将来を考え、夕張を離れるケースも後を絶たず、人口流出に歯止めがかからなくなった。緊縮策だけでは、希望が持てず、流出に歯止めをかけることは難しい。そこで新たな計画では、若者の定住や子育て支援、地域資源を生かした働き場づくり（炭層メタンガスの開発支援、夕張メロンの生産基盤安定化事業など）に注力することとした。

一方、JR北海道は路線の見直しを進めており、南北に走るJR線（夕張支線）も廃止の対象になっていた。年間1億8,000万円の赤字を市や民間で引き受けるわけには行かず、市は廃止を容認する代わり、廃線後の市内交通網再構築への協力、支線関連の土地・施設の活用、JR職員の市への派遣の三つの条件を提示した。新たな計画では、予約客がワゴン車に相乗りするデマンド交通の本格実施が盛り込まれた。

夕張市は地域の疲弊に歯止めがかからず、JR 廃止の逆風もあって、財政再建を計画通りなし得たとしても、若者を呼び戻し、公共交通の再構築も図りつつ、果たして今後もまちが維持できるかの瀬戸際になお立っている。その最終的な成否は未知数と言わざるを得ないが、破綻後に打ち出したコンパクトシティの進め方などの取り組みは、他の自治体にとっても参考になる。

現在、財政再建団体は全国で夕張市のみであり、その前段階である早期健全化団体も 2009 年には 21 町村に上ったが、2014 年度の青森県大鰐町を最後にゼロとなっている。財政再建の取り組みが進み、夕張市のように突然破綻するケースが出現する可能性は、現在では低くなっている。自治体にとっては、財政再建や地域再生を図るにしろ、コンパクトシティ化を図るにしろ、危機的状況に陥り、否応なく取り組まざるを得なくなる前に、市民の理解を得て、どれだけ未然に踏み込んだ対応を図れるかが重要となっている。

その意味で次に述べる、全国有数の薄く広がったまちの維持について危機感が高まった富山市のケースと、公共交通の危機という状況に直面した岐阜市のケースは、市民の理解を得て取り組みを進めていったケースとして参考になる。

富山市

■コンパクト化に取り組んだ経緯

将来への危機感からいち早く取り組み、成果を出しているケースとして富山市を取り上げる（図表 2-2、2-3）。富山市の人口は、2015 年で 41 万 8,686 人である（「国勢調査」）。国立社会保障・人口問題研究所の推計によれば、2015 年から 2040 年にかけて人口は 16.4％減少し、約 35 万人になる見込みである。

富山市がコンパクトシティ政策に取り組み始めたのは、現市長の森雅志氏が初めて就任した 2002 年のことであった。1970 年から 2000 年の富山市の人口推移を見ると、中心市街地と中山間地域は減少する一方、その中間部に位置する郊外の人口は増えていた。

●図表 2-2　富山市が目指す都市構造

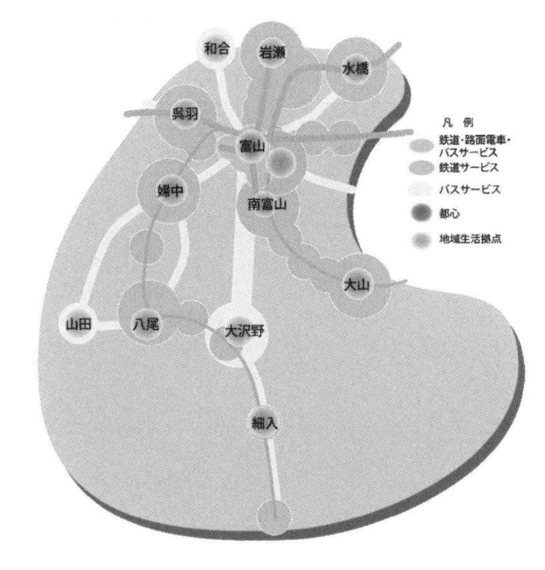

（出所）富山市「富山市立地適正化計画」2017 年 3 月

市街地が郊外に広がった要因としては、地形が平坦で可住地面積が広い、道路整備率が高い、持ち家志向が高いなどの理由が挙げられる。1970 年から2005年までの35年間でDID（人口集中地区）の面積は約 2 倍に広がる一方、DID 内の人口密度は 3 分の 2 に低下していた。富山市の DID 人口密度は県庁所在地の中では、最も低くなっていた。

すなわち広い可住地面積（県庁所在地の中で 2 位〔大都市除く〕)、高い道路整備率（都道府県で全国 1 位)、高い 1 世帯当たり自家用車保有台数（都道府県で全国 2 位）の下、車の利用で市街地を広げてきたが、それによって極めて低密度な市街地が形勢されてきたことになる。中心市街地は夜間人口が半減、空き家・空き地などの低未利用地が増加し、商店街は歩行者数、売り上げが減少して衰退する一方であった。

このように市街地が広く薄く拡散する中で、本章の冒頭で述べたコンパクトシティ政策に取り組む三つの必要性に直面していた。すなわち、高齢者

●図表 2-3　富山市の居住誘導区域・都市機能誘導区域

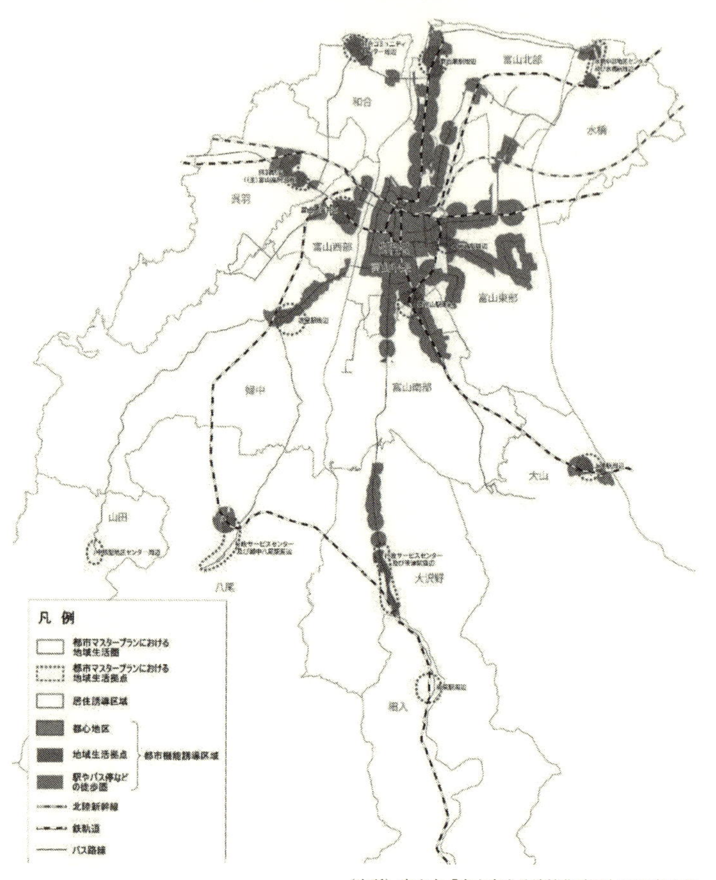

（出所）富山市「富山市立地適性化計画」2017 年 3 月

にとって暮らしにくい、インフラ維持更新の財政負担の増大、固定資産税収の減収懸念である。

ただ、森市長になって初めてこの問題に取り組んだわけではない。それ以前からコンパクトシティ化に取り組む素地は徐々に形成されていた(京田・木村・山下〔2015〕)。1993 年に都市計画マスタープランを作成することになったが、それ以前の考え方が、道路を建設し、車を走らせてまちを広げるというものであったのに対し、専門家から、これからはまちを広げたり道路を増やしたりする時代ではないとの指摘があり、コンパクトな核を形成するにはどうしていくべきかという考え方を取り入れた。

1999年には、小渕首相が富山県を訪問した際、これからは歩いて暮らせるまちづくりの事業を行うと表明した。富山市もマスタープラン策定時の議論をベースに応募し、全国20都市の一つに選ばれた（「歩いて暮らせる街づくり」モデルプロジェクト地区、2000年3月）。その時は、スーパー防犯灯（防犯灯の支柱に緊急通報ボタンなどを装備）を設置したり、国道に歩道照明をつけたりした。

森市長就任後、国土交通省から二人目の副市長を招聘することになり、また、市長から、職員でコンパクトなまちづくりについて検討するようにとの指示があり、庁内に研究会が設置された。同時に市長は、タウンミーティングで市民に、高齢化社会においては歩いて暮らせるまちづくりが必要と訴えていった。

具体的な事業として、公共交通を整えるためJR富山港線（富山駅から北部の港に走る路線）をLRT化すること、沿線に住む人に対し補助金を支給すること、中心市街地の賑わい創出のため広場（「グランドプラザ」）を設置することの三つに着手した。こうして、2007年までにLRT（富山ライトレール、第三セクター富山ライトレール（株））、グランドプラザが完成した。グランドプラザに隣接する新たな商業施設として「総曲輪フェリオ」（キーテナントは、富山大和）も開業させた。2007年には、青森市とともに全国で初めて中心市街地活性化基本計画の認定を受けた。計画では、公共交通の利便性向上、賑わい拠点創出、まちなか居住の推進が掲げられた。

その後、LRTの利用者が増え、中心市街地に人が集まるという具体的な成果が見えてくると、**これを実現する基の考え方であるコンパクトシティ化も良いものだとの理解が広がっていった。**その後、現在までコンパクトシティ化が推し進められてきたが、その間、市長の方針が絶対にぶれないということが、市職員にとっても一貫した姿勢でコンパクトシティ化に取り組める大きな推進力となった。

■LRT 整備と沿線への集住施策

LRT に取り組む契機になったのは、北陸新幹線の工事実施計画の認可に伴って在来線の高架化を図ることになり、富山駅周辺の再開発と利用者が低迷していた富山港線の扱いが問題になったことである。バスへの代替なども検討されたが、コンパクトシティ化を図る目的で LRT が採用された。LRT 化に要する費用約 58 億円の半分は国・県が負担し、残りを市と JR 西日本からの寄付（10 億円）で賄い、2006 年に開業した。

同時に、既存の路面電車路線（富山市内軌道線、富山地方鉄道（株））を延伸して環状線化を図り、2009 年に開業した。延伸は、路面電車では日本初の上下分離という枠組みで行われた。富山市が軌道や設備、車両等を保有し、富山地鉄が運行を行うものである。事業費約 30 億円のうち約 13 億円は国が負担し、残りを市が負担した。

市内電車の乗車人数の推移を見ると、富山ライトレールの開業、市内電車の環状線化を経て増加傾向にあり（図表 2-4）、LRT 化が奏功したことが分かる。現在、富山市の北部は富山ライトレール（愛称：ポートラム）、南部は路面電車（愛称：セントラム）と南北で分断されているが、これを新幹

●図表 2-4　富山市の市内電車の乗車人数

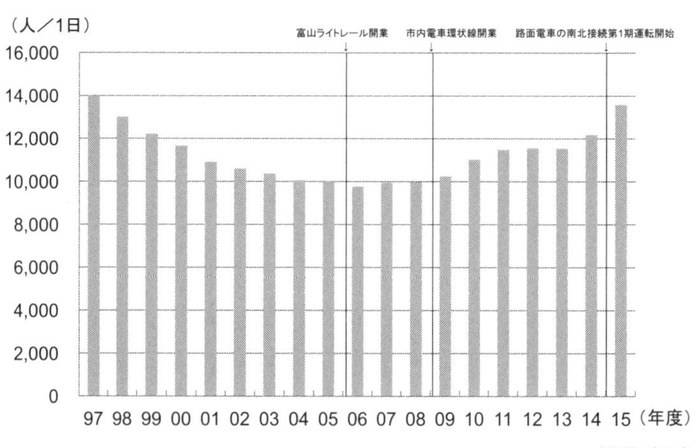

（出所）富山市

線高架下でつなげることが計画されている（第１期事業：北陸新幹線開業と合わせ新幹線高架下へ市内電車乗り入れ、第２期事業：在来線高架化に合わせ富山ライトレールと市内電車を接続）。南北接続事業によってLRTのネットワークが完成すれば、相乗効果によって、さらに人の動きが活発化することが期待されている。

公共交通網の整備と合わせ、都市構造の変革も推進することとした。前述の「お団子と串」の都市構造の推進である。中心市街地と公共交通沿線（鉄軌道駅半径500 m以内、バス停半径300 m以内）への居住を進めるため、各種のインセンティブを講じた。例えば中心市街地については、建設業者向けの支援として、共同住宅の建設費助成（100万円／戸）、優良賃貸住宅の建設費助成（120万円／戸）など、市民向けの支援策としては、戸建て住宅または共同住宅の購入費等の借入金に対する助成（50万円／戸）、都心地区への転居による家賃助成（1万円／月、3年間）、リフォーム補助（30万円／戸）を設けた。公共交通沿線でもインセンティブが設けられている。

これらにより中心市街地では、2006～2015年度で888件、2,104戸の助成が行われた。この結果、中心市街地への転入人数は2008年以降、マイナ

●図表 2-5　富山市中心市街地（都心地区）の人口動態

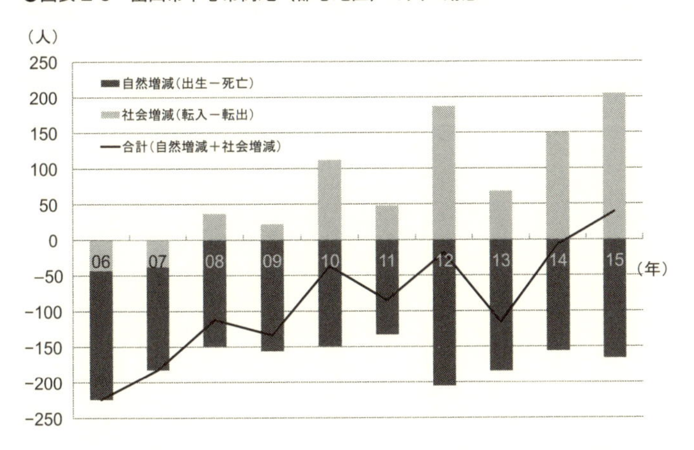

（出所）富山市

スを脱し、プラス幅も拡大傾向にある（図表2-5）。自然増減も含めた人口動態では、2015年に初めてプラスに転じた。一方、公共交通沿線では、2014年以降、転入人数が明確なプラスに転じている。

■まちなかの賑わい創出の仕掛け

中心市街地活性化のための集中投資も積極的に行った。前述のグランドプラザと総曲輪フェリオがそれである。集中投資の狙いは財源維持であった。市税全体の45.8%を固定資産税と都市計画税が占める（2016年度当初予算）富山市の場合、中心市街地の面積は全体の0.4%に過ぎないが、固定資産税・都市計画税収は全体の22.4%を占めている。

従って、税収維持のためには、中心市街地の価値、すなわち地価を維持することが重要になる。そのために集中投資を行い、賑わいを創出し、民間投資の呼び水となることが意図された。このほか、中心市街地における小学校跡地などを活用し、商業施設や医療・介護拠点などの整備も進めている。

また、高齢者の外出機会を創出するとともに、中心市街地を活性化させるため、65歳以上の高齢者が中心市街地に出かける際、公共交通利用料金を1回100円とする割引制度（おでかけ定期券）も導入した。高齢者の24%がおでかけ定期券を所有し、1日平均2,763人が利用した（2015年度）。

富山市の地価の動向は、環状線新設区間では2006年の水準を維持しており、中心市街地は2014年以降、回復傾向にある。富山市全体の宅地が低下傾向にあるのに対し、これら地域の地価の維持、回復傾向は顕著である。

■コンパクトシティ、世界の5都市に選ばれる

これらの取り組みが評価され、2012年には、OECDが2009年から3年間かけて世界のコンパクトシティの先進事例を調査した報告書の中で、オーストラリア・メルボルン、カナダ・バンクーバー、フランス・パリ、アメリカ・ポートランドとともに富山市の事例が紹介され、世界的にも有名になった。

富山市が目指す「お団子と串」の都市構造は、立地適正化計画が目指す「コンパクトシティ・プラス・ネットワーク」のモデルとなったものであるが、

富山市は立地適正化計画を2017年3月に策定し、これまでの取り組みを継続することとした。公共交通が便利な地域に住む市民の割合を、2016年の37%から2025年には42%に上昇させることを目標としている。

富山市の婦中地域を対象とした研究（秋元〔2014〕）では、生活関連施設へのアクセシビリティを改善させる手段として、バスの運行頻度を高めることと、居住推進地域（バス停半径300 m以内）への居住移動を進めることの効果をシミュレーションした結果、居住移動については周辺部に居住している住民の50%を移動させないと効果が現れにくいことが示されている。

前述の数値目標を達成するためには、居住推進地域の人口密度を34人／haから40人／haに引き上げる必要があるが、移動割合が25%になった時にこの数値は達成される。それに比べると、移動割合が50%というハードルは極めて高い。もちろん、アクセシビリティは、バスの運行頻度を高めることで改善できるが、これは費用との兼ね合いもある。生活の利便性を高めていくためには、現状の数値目標ではなお十分ではないことを示している。

富山市のケースは、薄く広がった都市構造で、潜在的にコンパクト化の必要性が非常に高かったところであり、行政ではそうした問題意識を徐々に醸成してきたが、森市長のリーダーシップとうまくマッチする形で取り組みが推進された。中心部の富山駅から各拠点へ放射線状に形成された、恵まれた鉄軌道のストックという富山市が持つ好条件も、コンパクトシティ化の取り組みを容易にした。

森市長はこれまでの取り組みが評価され、コンパクトシティ政策の是非を争点とした2017年4月の市長選で4選を果たした。さらに継続して取り組んでいくことが可能になっている。

岐阜市

■公共交通の衰退

すでに取り組みが進んでいるケースとして、次に岐阜市を取り上げる（図表2-6）。岐阜市の人口は、2015年で40万6,725人である（「国勢調査」）。国

●図表 2-6　岐阜市の居住誘導区域・都市機能誘導区域

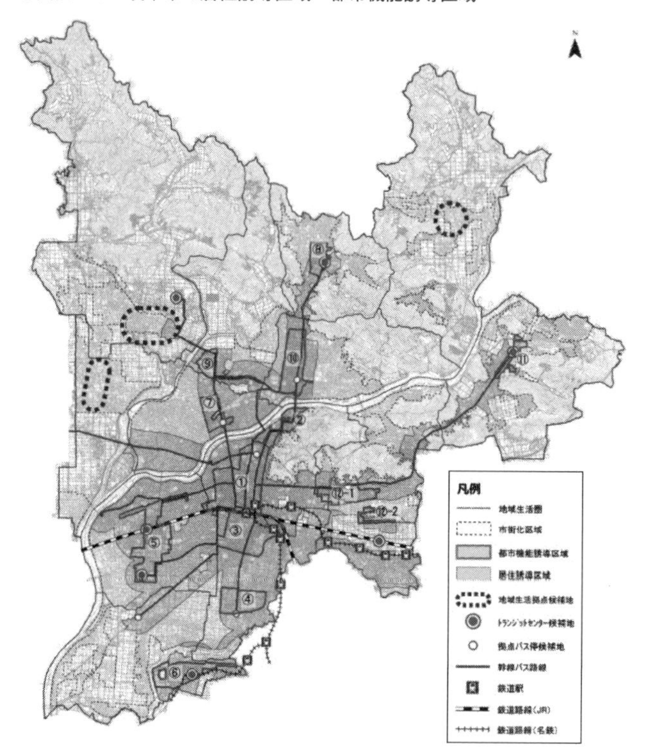

（出所）岐阜市「岐阜市立地適正化計画」2017 年 3 月

立社会保障・人口問題研究所の推計によれば、2015 年から 2040 年にかけて人口は 17.2％減少し、約 33.7 万人になる見込みである。

岐阜市も富山市のように、モータリゼーションの進展とともに、まちが広く薄く拡散した。この結果、公共交通の利用が減少し、路面電車の廃止（2005 年 3 月末）やバス事業者の撤退を招く事態となった。また、市営バスは民間に譲渡され（2002 ～ 2004 年度）、市内のバス事業者は 3 社から 1 社になった。

路面電車はかつて名鉄岐阜駅を起点に、バスと競い合うように走っていたが、乗客数は減り続け、1988 年には徹明通と長良北町間の 3.9㎞が、2005 年には岐阜駅前と忠節間の 3.7㎞が廃止となり姿を消した。市の財政状況は厳しく、存続のための支援を行うことはできなかった。一時は、フランスの公共交通大手のコネックスが事業承継に向けた提案を市に行ったが、市に負担を求める内容であったため立ち消えになった。

市内には南端にJRと名古屋鉄道の駅があるものの、もっぱら都市間移動の手段である。路面電車廃止後は、バスが重要な役割を果たさなければならないが、バス利用者も減少する一方であった。利用者は、1997年度から2004年度にかけて4割近くも減少した（図表2-7）。岐阜市の都市構造は、長良川を挟み、南部に商業地域、北部に住居地域が広がっているが、朝夕には長良川渡河断面を中心に渋滞が発生し、バスが遅れるなどの問題が発生していた。

こうした公共交通の危機に対応するため、2004年度に「岐阜市市民交通会議」が設置され、市民を巻き込み、今後の公共交通の在り方が議論された。その結果、自動車に頼らなくても自由に移動できる社会の実現を目指す「岐阜市総合交通政策」が策定された。その内容は、バスを公共交通の中心に据え、幹線・支線バスとコミュニティバスを有機的に連携したバスネットワークの構築を図るというものだった。このように公共交通の軸として岐阜市で

●図表2-7　岐阜市のバス（路線バス＋コミュニティバス）年間利用者数

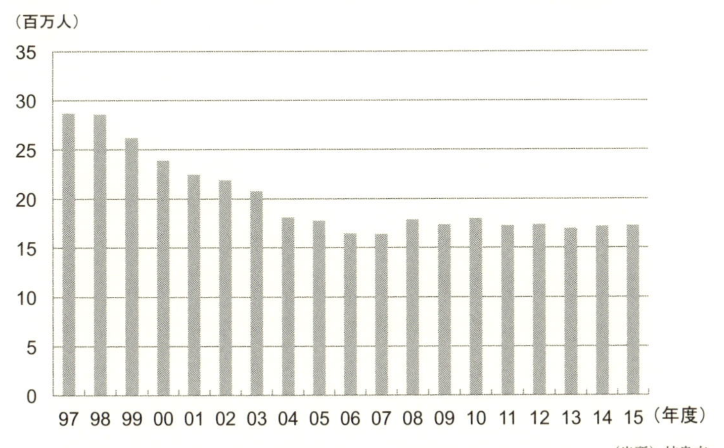

（出所）岐阜市

は、富山市のLRTとは異なり、バスネットワークが重視されたという違いがある。

■バス路線の再編とBRT導入

バスの利便性の低さを改善する取り組みは、岐阜市総合交通政策以前から行われてきた。当時は市営バス、岐阜バス、名鉄バスの3事業者が路線バスの運行を行っていたが、バス停の配置の偏り、定時性の低下、道路や駅前広場の整備の遅れなどにより、サービス水準は低いものだった。

1998年度には、バス専用レーンの社会実験を行った。2000年度には市内3社のバス路線ネットワーク化を目指したバス路線網再編計画を策定、2002年度にはオムニバスタウンモデル（1997年に旧運輸省、旧建設省、警察庁によって設けられたバス事業支援の仕組み）の指定を受け、ICカードやバスレーン、PTPS（Public Transportation Priority System：公共車両優先システム）、バリアフリー化などの再編ツールを整備した。2003年度には、環状線の完成に合わせ、再度バスレーンの社会実験を行い、2005年度には構造改革特区の認定を受け、県警と共同でバスレーン・PTPS導入計画を策定し、導入が可能になった。

岐阜市総合交通政策は突然出てきた構想ではなく、こうしたバス路線再編の継続的な取り組みを経た上の自然な成り行きだった。2008年度に策定された「岐阜市総合交通戦略」に基づき、幹線バス路線の強化に向けてBRTが導入されることになった。

BRTのメリットとしては、まず、鉄軌道と比較して初期投資が安く、段階的に整備を進めていくことが可能という点が挙げられる。また、需要や都市構造の変化に応じ、柔軟にルートを変更できる。さらに、連接バスの輸送力はLRTに匹敵する（全長18 m、全幅2.55 m、座席46席で、定員130人）。鉄道に比べ定時性は劣るが、バスレーンやPTPSの導入で改善を図ることは可能である。

BRTは民間交通事業者と連携し、上下分離方式で導入することとした。バスの走行環境、利用環境の整備は自治体が担い、民間事業者はバス車両の購入を負担し、整備工場を設け安全確保を図るという役割分担である。

具体的には、次のような手順で進められた。2008年度にバス路線の再編を図り、2009年度にはバスレーン導入、バスレーンカラー化など走行環境の整備が行われた。そして、2010年度に導入効果の早期発現が期待できる路線から導入した。2012年度には市内循環線へのルート拡大を行い、観光客利用の増加で観光振興や中心市街地活性化につながる効果が見られた。2013年度には、導入効果の発現に時間はかかるが、公共交通軸として最も重要な路線に導入を図った。

現在は、連接バス4台を3路線に投入している。BRT導入の効果としては、最初に導入した岐阜大学・病院線路線では、1日当たりの利用者が2010年6月から2015年6月にかけて3割も増加した。輸送力が増したため、運行本数を減らすことができ、運行の効率化にもつながった。また、バス待ち時間が短縮するなどの効果もあった。

このほか**岐阜市では、バス路線の再編やBRTの導入などバスネットワークの最適化に際しては、早くからビッグデータを活用してきた点が特筆される。**事業者からのデータ提供のほか、ICカードのデータ、バスロケーションシステムのデータなどの解析を運行改善につなげている。

■市民共働型コミュニティバス

一方、路線バスから外れた地域においては、市民主体のコミュニティバスの導入が図られた。コミュニティバスの試行導入が始まったのは2006年で、まずは4カ所で導入された。**岐阜市のコミュニティバスの仕組みがユニークなのは、地域が日常生活の移動手段の確保のため、自ら手を上げて導入する仕組みとなっている点**である。ルート、停留所、ダイヤ、運賃、さらには回数券の販売や広告取りまで市民が担う。こうした仕組みにしたのは、各地のコミュニティバスの導入事例で、**行政主導でコミュニティバスの導入を図ったものの、利用が低調で廃止に追い込まれるケースが少なくないことを反面教師としたものである。**

市民が主体となることで当事者意識が生まれ、地域の努力を最大限引き出すことが可能な仕組みになっている。地域の負担（運賃、広告）を地域の実情に応じ15～40％に設定した上、明確な収入目標が掲げられる。試行を数年行うことで、運行継続基準率を満たせば本格運行に移行し、満たさなければ中止する。

地域の努力がサービス向上につながった事例としては、本格運行への移行のため、自発的に運賃を100円から200円に上げたケースで、その後、地域の努力で利用者を増やし、100円への値下げを実現した例がある。現在19地区で運行されており、受益人口比率84％に達する。今後これを22地区まで拡大し、受益人口比率100％を目指している。

こうしたバス路線再編、BRTやコミュニティバス導入の取り組みにより、バス利用者数は2007年度に下げ止まり、上向いている（図表2-7）。

■地域公共交通網形成計画と立地適正化計画

2015年には、これまでの計画をブラッシュアップした「地域公共交通網形成計画」を策定し、全国初の認定を受けた。2014年11月施行の地方公共交通の活性化・再生法に基づく計画で、この法律により自治体は、路線再編やデマンド交通などを組み合わせながら、公共交通の再構築を図るための計画を策定できるようになった。岐阜市の計画で盛り込まれた内容は、路線再編、BRT導入、乗り継ぎ拠点、コミュニティバス、関係者の連携などである。

2017年3月には、立地適正化計画を策定した。居住誘導区域は次の五つに区分された。すなわち、①まちなか居住促進区域、②居住促進区域（市街化区域内で、岐阜市総合交通戦略で示されるJR岐阜駅を中心とした8本の幹線バス路線から500ｍの範囲と鉄道駅から1kmの範囲）、③一般居住区域（市街化区域内で、比較的利便性の高い支線バス路線から500ｍの範囲）、④郊外居住区域（市街化区域内で、上記以外の区域、幹線道路の整備により中心市街地からのアクセスが向上した地区など）、⑤市街化調整区域における集落区域（優良な農地を維持）である。

市街化区域に占める居住誘導区域の割合は57％となっている。居住誘導区域内に、区域外の人口の2割（3.3万人）を誘導し、居住誘導区域の人口密度を現状（51.2 人／ ha、2015 年）のまま維持することを狙っている。まちなか居住を推進するための支援策（取得で上限 50 万円／戸、賃貸で上限 24 万円／年）や、住宅供給プロジェクトも実施される。郊外団地については、生活環境を整備しつつも誘導区域には含めなかった。

岐阜市の場合、これまでバスネットワークの構築に取り組んできたこともあり、その延長線上で利便性の高い地域を居住誘導区域としてスムーズに設定することができた。公共交通の危機という逆境に直面し、バスネットワークの構築を進めてきたが、先行して公共交通を整備したことが、その後の立地適正化の議論を進めやすくなっているという例といえよう。

公共交通に関する目標としては、路線バス・コミュニティバス利用者を 1,700 万人／年（2013 年）から、2020 年に 1,900 万人／年に増やすことが掲げられている。1 人当たりバス利用回数が、現状の年間 40.8 回から 45.6 回に増えれば、年間利用者数が 1,900 万人になる。1 人当たり利用回数を 11.2% 増やせば、達成できる計算である。

岐阜市は、こうした取り組みが認められ、2017 年 5 月に国土交通省が選定する「コンパクトシティ・プラス・ネットワークのモデル都市」10 市の一つに選定された。

宇都宮市

■ メリハリのない都市構造

これから取り組みを進めていく事例として、宇都宮市を取り上げる（図表 2-8）。宇都宮市の人口は 2015 年で 51 万 8,594 人である（「国勢調査」）。国立社会保障・人口問題研究所の推計によれば、2015 年から 2040 年にかけて人口は 10.5%減少し、約 46.4 万人になる見込みである。

宇都宮市の市街地は、かつては駅を中心にコンパクトにまとまっていたが、郊外の開発が進み、現在は中心部と郊外とで密度にメリハリのない、薄く広がったまちの構造となっている。栃木県の自動車の普及率（2 人以上の世帯における普及率 98%）は全国 1 位であり、モータリゼーションの進

●図表 2-8　宇都宮市の都市機能誘導区域

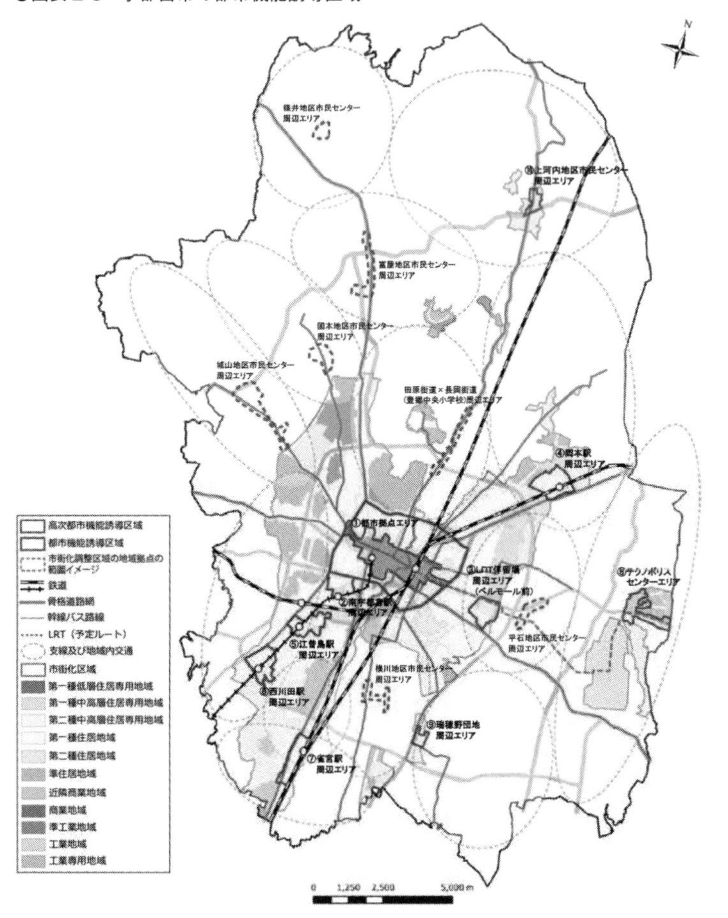

（出所）宇都宮市「宇都宮市立地適正化計画」2017 年 3 月

展がまちを拡散させる要因にもなった。市域の 22%が市街化区域であるが、市街化調整区域の活力維持を目的とした独自の仕組み（都市計画法第 34 条第 11 号に基づく規制緩和）を設けたことで、開発は市街化調整区域にも及び、現在でもその圧力は存在する（図表 2-9）。

まちは、都心部とそれを囲む古くからの地域（旧町村）などからなり、

●図表 2-9　宇都宮市の区域区分別の開発許可面積

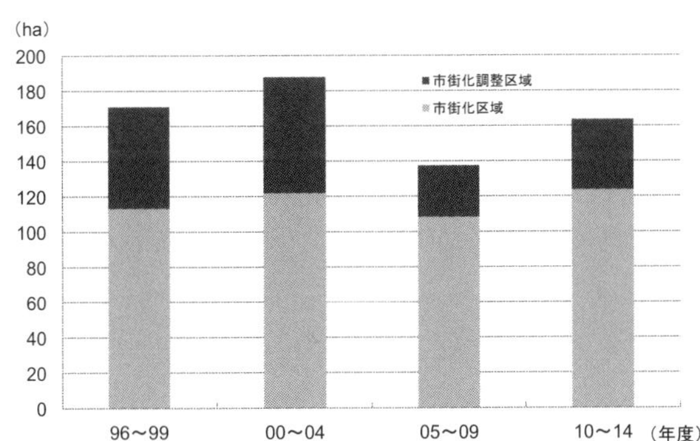

（出所）宇都宮市「宇都宮市立地適正化計画」2017 年 3 月

これらの地域は、都心部から放射状に延びた道路や市内を巡る環状の道路網などで結ばれている。公共交通の軸として鉄道は南北に走るが、東西の路線は存在しない。

宇都宮駅の東口から市東部方面には、内陸型工業団地としては国内最大規模とされる清原工業団地や平成工業団地がある。また、清原工業団地に近接して芳賀工業団地（芳賀町）などもあり、工業団地とつながる県道は、朝夕の渋滞が慢性化しており、抜本的な対策が必要とされていた。

■LRT 新設による東西交通軸の整備

駅東口から市東部方面に向かう交通渋滞を緩和するための方策として、新たな公共交通システムの検討が開始されたのは 1993 年であった。検討過程では、高架型モノレールなども検討されたが、輸送力やアクセスの容易性、建設費用がモノレールの 2 ～ 3 割で済むことなどを考慮し、LRT が選ばれた。

その後、リーマンショックなどの影響もあり計画は足踏みしたが、2012 年 11 月に佐藤栄一市長が 3 選を果たした後は、実現に向け大きく動き出した。対立候補が LRT 導入反対を明確にしたのに対し、導入を訴えた佐藤氏が当選したことによる。国土交通省から副市長も迎えて、計画推進を図った。2014 年には、LRT と路線が競合するため、反対していたバス事業者が計画容認に舵を切った。2016年9月に国土交通省による計画認定を受けた。

2016年11月の市長選では佐藤市長が事業中止を掲げた対立候補と接戦を強いられたが、4選を果たし市民の支持をつないだ（2017年度中に着工見通し）。LRTの全区間新設は、国内初となる。全体計画区間は約18㎞で、このうち宇都宮駅東口から市東部の工業団地に向かう約15㎞が優先整備区間とされる。概算事業費は458億円で半分を国が、残りを県と市で負担する。設備の保有と運行を切り離す上下分離方式が採用されている。

JRの路線を活用した富山市とは異なり、宇都宮市の場合は全区間新設となるため、投資に見合う効果が本当に得られるかなどの、懐疑的な見方はなお払拭できていない。敷設により、利便性の向上やまちの活性化など、具体的な成果をできるだけ早く出していくことが、今後の事業継続に大きく関わると考えられる。

公共交通としては、バスも重要な役割を果たす。宇都宮駅西口から1日2,000本の路線バスが運行しているが、市はこれまで交通空白遅滞を埋めるため、新たな路線の社会実験を行い、その一部を民間運行に切り替えるなどの取り組みを行ってきた。不採算路線に対しては赤字補填も行っている。これは不採算によりバスが撤退すると、再度の呼び込みや立て直しに非常な困難に直面するため、そうした事態を未然に防ぐ対応である。また、地域内交通としては、郊外部の日常生活の移動手段確保のため、12地区13路線のユニバーサルデザインタクシーを導入している。

■居住誘導区域の設定はこれから

宇都宮市は、立地適正化計画を2017年3月に策定したが、都市機能誘導区域（市内10カ所）の設定にとどまり、居住誘導区域はまだ設定されていない（2018年度中の策定を予定）。

設定に当たっての考え方は示されており、①拠点（都市機能誘導区域、市街化区域の18%）、②軸となる公共交通沿線（鉄道駅・LRTの停留所から半径500 m以内、1日往復60本以上のバス停から半径250 m、合わせて市街化区域の23%）、③一定の都市基盤が整備されている場所（土地区画整理事業と大規模住宅団地開発、市街化区域の13%）とされている。合計で市街化区域の約半分、市街化区域の可住地の約8割の面積となっている。

LRTの開通には時間がかかり、居住誘導区域の設定もこれからであるため、宇都宮の取り組みがうまくいくかは、今後の推移をみなければ分からない。また、宇都宮市の場合、規制緩和で市街化調整区域の開発が進んだという問題もあり、「市街化調整区域の整備及び保全の方針」という市独自の方針を策定し、市街化調整区域においても拠点を設け、その生活利便機能の維持を図るとしている。

公共交通網の整備と併せ、居住を適切に誘導していくことができるかも現状では見通しにくい。しかし、富山市や岐阜市の進んだ取り組みとは異なり、立地適正化計画を策定した自治体の多くは、方向性は示したものの、本当にその方向でうまくいくかは分からない段階だと思われる。ただし、困難でも一貫した姿勢で進めていくこと、少しずつ成果を出すことでコンパクトシティ政策に対する市民の理解が深める好循環に持っていくことが、今後の成否を左右すると思われる。

■富山市、岐阜市、宇都宮市の比較

富山市、岐阜市、宇都宮市はいずれも中核市という共通点を持つ。ここで三つの市の都市構造を比較しておこう。

中核市とは人口20万人以上で、保健衛生、福祉、教育などの事務権限が強化された都市であり、全国で48都市（2017年4月現在）ある。政令指定都市以外で規模が大きな都市で、規模が大きいだけあって、これまでまちが広がってきたものの、今後の人口減少を見据えると、広がったまちをコンパクト化する必要性が高い場合が多い。中核市48都市のうち、2017年7月末現在、44都市（92%）が立地適正化計画について取り組んでおり、うち18都市（中核市の42%）が計画を策定、公表している（国土交通省調べ）。

中核市で自動車利用と人口密度の関係を見ると、自動車分担率（15歳以上の自宅外就業者・通学者の主な利用交通手段が「自家用車のみ」の割合）と、市全体の人口密度との相関係数は－0.78とマイナスになっている。自動

車分担率が高い都市ほど人口密度が低いことを示している。また、自動車分担率とDID人口密度、自動車分担率と市街化区域人口密度（図表2-10）の相関を見ると、いずれも-0.90と高い相関を示している。自動車利用の増加が、都市中心部（DID）の人口密度や、本来、市街地として積極的に開発・整備すべきエリア（市街化区域）の人口密度の低下と、極めて密接な関係性を有していることが分かる。

富山市、岐阜市、宇都宮市は図でいずれも右下に位置しており、コンパクトシティ化の必要性が高いことを示している。3市とも自動車への依存度を低下させるため、公共交通の整備に力を入れているが、選んだ道はそれぞれ異なる。富山市は既存の路面電車やJRをLRT化することに力を入れ、岐阜市はかつてあった路面電車が不採算でやむなく廃止された後は、BRTに舵を切った。宇都宮市は、全国で初めてLRTの全区間新設に乗り出そうとしている。

●図表2-10　中核市の自動車分担率と人口密度

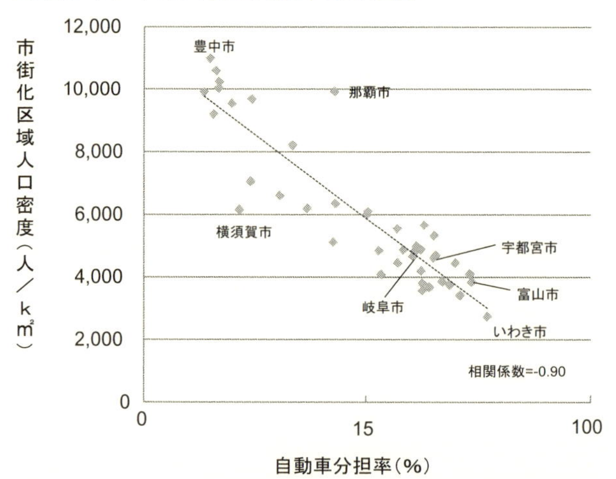

（出所）中核市市長会「都市要覧」2017年3月、総務省「国勢調査」
（注）1. 人口は、住民基本台帳登録人口（2016年3月31日現在）。
ただし、越谷市、岐阜市は「2015年国勢調査」による
2. 八王子市、豊田市、大津市、和歌山市、倉敷市、高松市の市街化区域人口密度は不詳なため、上の図には含まれていない

BRTはLRTに比べ、前述のように、安い費用で柔軟に導入できるメリットがある。しかし、一般にバスは鉄道に比べ、定時性に難がある点が公共交通としての問題とされる。岐阜市はこれに対し、バスレーン、PTPS、ビッグデータを使った解析で対処している。

一方、LRTは新たに敷設する場合、その投資費用が難点になるが、富山市では既存鉄軌道を活用したため、費用は少なくて済んだ。宇都宮市は全区間新設に挑戦しようとしているが、前述のように、その成否はなお未知数である。需要が当初の予測通りとならなかった場合、BRTの場合は廃止や路線変更は柔軟にできるが、LRTの場合、軌道を変えなければならず、簡単にはできない。

近年、公共交通を充実させる手段としては、BRTが検討される場合が多いが、LRTの初期投資費用の大きさや、その後の柔軟性の低さがハードルになっているためである。宇都宮市のケースはそうした逆風に打ち勝って、今後、LRTの全区間新設に弾みがかかるかの試金石になる。

埼玉県毛呂山町

■厳しい財政状況

毛呂山町のコンパクトシティ政策はまだこれからであるが、町村で最初に立地適正化計画を策定して注目された（図表2-11）。毛呂山町は埼玉県南西部で池袋から電車で1時間ほどの場所に位置し、人口は2015年で3万7,275人である（「国勢調査」）。国立社会保障・人口問題研究所の推計によれば、2015年から2040年にかけて人口は16.2％減少し、約3万1,200人になる見込みである。

毛呂山町がいち早くコンパクトシティ化に取り組んだ背景には、人口減少が避けられない中、まちの空洞化がますます進み、財政状況も悪化していくとの厳しい認識がある。

毛呂山町の住民1人当たりの地方税（2013年度）は埼玉県内60位（63市町村中）、全国1,105位（1,718市町村中）、また、住民1人当たりの固定

●図表 2-11　毛呂山町の居住誘導区域・都市機能誘導区域

全体図

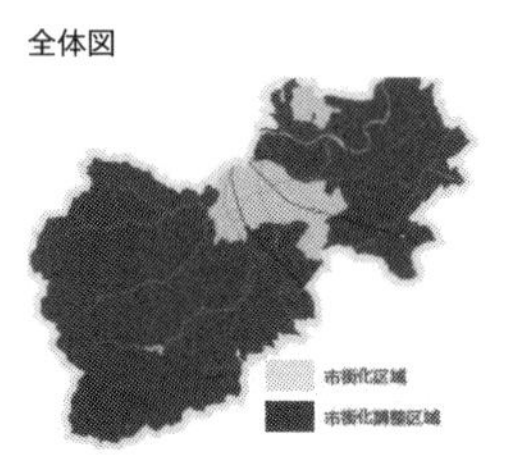

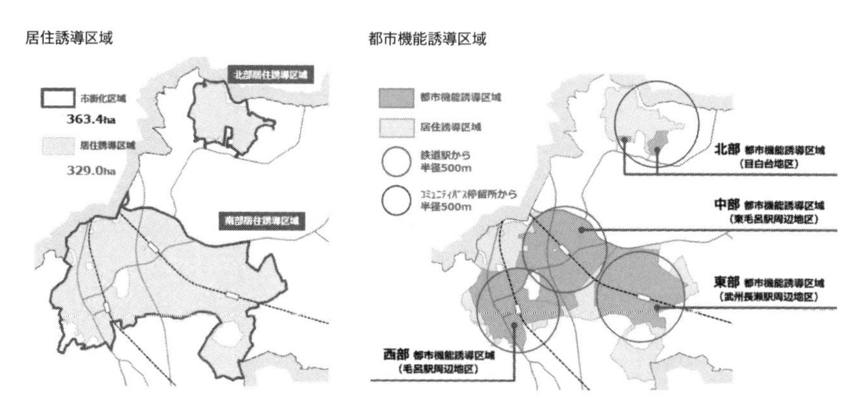

（出所）毛呂山町「毛呂山町立地適正化計画」2017 年 2 月

資産税（2013 年度）は埼玉県内 60 位（63 市町村中）、全国 1,392 位（1,718 市町村中）と、財政状況は全国的に見ても悪い。今後の財政収支は、毎年 7 億～ 9 億円の赤字が生じる見通しとなっている。

財政悪化に歯止めをかけるためには、人件費などの義務的経費の歳出を抑制するのはもちろんであるが、投資的経費の抑制も必須となる。この場合、居住誘導区域が設定されていれば、今後、老朽化した公共施設を更新する際、優先順位をつけることができる。また、歳入面では、人口を呼び込み、中心市街地の価値を高めることで、固定資産税の底上げを図っていくことが必要になる。

■ゴーストタウン化の懸念

毛呂山町がまちの構造として抱えている問題として、まず、古い住宅地（鉄道3駅周辺）では高齢化が進展している点が挙げられる。例えば武州長瀬駅周辺は、1950年代に開発された古い住宅地で、すでに高齢化が進展している。一方、北部のニュータウン（目白台地区）は、1996年に分譲開始された新しい住宅地で若い世代が多く住む。しかし、診療所や商業施設など必要な都市機能が充足していない上、鉄道駅から離れ、駅まで路線バスも通っていないという問題がある。

古い住宅地では空き家が増えており、毛呂山町の空き家率は19.8%（2013年）と埼玉県内で一番高くなっている。地価も下落の一途をたどり、人口がピークをつけた2008年から2015年までにおよそ2割も下落した。毛呂山町の住宅地は、開発年代ごとに同じような世代が集まっており、高齢化がすでに進んでいるエリアもあれば、今は若い世代が多い目白台地区も、将来的には一斉に高齢化していくことが懸念される。

目白台地区では自動車中心のライフスタイルであるが、高齢化が進むと住みにくくなり、最悪、ゴーストタウン化する懸念すらある。また、古くからの鉄道駅周辺の住宅地では、一定以上の人口密度が維持されなければ、将来的には鉄道の維持が難しくなっていく懸念もある。公共交通の死は、自治体の死を意味するとの厳しい認識を持っている。

一方、住宅新設は目白台地区では落ち着いたものの、本来、市街化を抑

●図表2-12　毛呂山町の区域区分別の開発状況

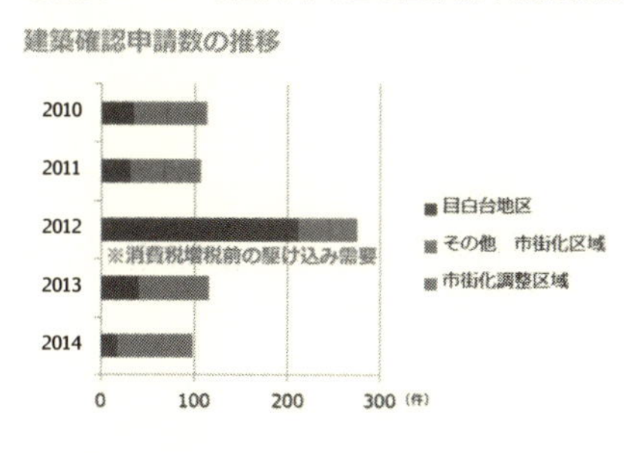

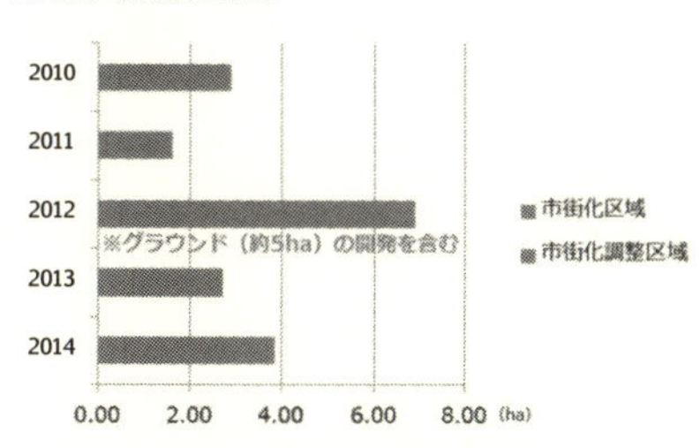

（出所）毛呂山町「毛呂山町立地適正化計画」2017年2月

制すべき市街化調整区域では、なお開発圧力が存在する（図表2-12）。市街化調整区域が開発されると、都市基盤整備が後追いで必要になり、財政負担が増す。基盤整備がなされた市街化区域での新設が望ましいが、市街化調整区域の開発が許容されたままではそれもままならない。

■ **意欲的な数値目標の設定**

こうしたまちの構造を温存したままでは、まちの衰退に歯止めをかけることができないとの危機感から、全国の町村でいち早く立地適正化計画の策定に取り組んだ。居住誘導区域は、鉄道駅3駅周辺の古くからの住宅地と北部のニュータウン（目白台地区）の2カ所に設定した。市街化区域に占める居住誘導区域の割合は90.5%となっている。都市機能誘導区域は、鉄道3駅とニュータウンのコミュニティバスのバス停からそれぞれ半径500 mの範囲とした。

居住誘導区域への居住誘導を進め、区域外の空き家は除却を進めていくことで、2035年の空き家率を15%（2013年19.8%）、区域外から10%居住誘導して2035年の区域人口密度を65人/ha、2035年の公示地価2015年対比で10%以上の上昇などの数値目標を掲げている。これらの数値はおおむね5～10年前の水準で、今後の取り組みで少なくともその水準に戻したいという意図が込められている。地価の回復は、固定資産税収の回復につながり、財政を好転させる効果を持つ。

今後のまちづくりの方向は、第1段階として目白台地区の都市機能誘導の充実を図り、若い世代の満足度を高める。第2段階として目白台地区から武州長瀬駅へのバス路線を誘致し、公共交通の整備を図る。第3段階としては、武州長瀬駅南口の町有地を核に老若男女のニーズを満たす施設を整備する（にぎわい創出、不足する都市機能をテナントとして誘致など）。第4段階としては、武州長瀬駅北口の空き家・空き店舗の活用を図る（共同建て替え、隣地買い取りによる区画規模を拡大など）。第5段階としては、これらの活動を他の2駅周辺にも広げていく。

このうち、区画規模の拡大については、古くからの住宅地では区画が狭く、新たな住宅需要のニーズを満たしていないとの問題意識がある。低価格での優先譲渡など、隣地と統合する枠組みを考えていく必要がある。前章で述べた、つるおかランド・バンクのような取り組みも有効になるだろう。

毛呂山町は比較的コンパクトにまとまっているまちであるが、市街化調整区域の開発圧力を放置したままでは、旧市街地の衰退や財政状況の悪化に拍車をかける。駅周辺の古くからの住宅地とニュータウンにまちをまとめていくことで、一定の人口密度を確保して地価水準を維持し、まちの衰退に歯止めをかけていこうとするものである。始まったばかりでまだどうなるかは分からないが、少しでも成果を出し、次の取り組みにつなげていく好循環に持っていけるかが成否を左右すると思われる。

3 コンパクトシティ政策の推進力は何か

各事例の特徴

本章においては、まちを積極的にたたんでいくコンパクトシティ政策の事例研究を行った（図表2-13）。

夕張市は破綻後に否応なく取り組まざるを得なくなったケースであるが、集住政策は誰にとってもメリットになることを粘り強く説明し、理解を得て進めることが重要なポイントになることを示している。

富山市は、自動車の利用度合いが高く、全国有数の薄く広く拡散したまちであるが、既存路線をLRT化し、鉄道駅やバス停近くへの集住政策にもいち早く取り組んだ。具体的な成果が出てきたことで市民の理解も深まり、また、市長のぶれない姿勢により、市職員も一貫してコンパクトシティ政策に取り組むことができた。

●図表2-13　コンパクトシティ政策の比較

都市名	都市規模	契機	手法	新たな公共交通	段階
富山市	中核市 418,686人 （15年） 15～40年で 人口−16.4%	広く薄く拡散した市街地の維持困難	公共交通整備と、中心市街地・公共交通沿線への居住誘導	LRT （既存鉄軌道の活用）	一定の成果
岐阜市	中核市 406,735人 同上−17.2%		バスネットワークの構築を先行。次いで居住誘導	BRT、 コミュニティバス	一定の成果
宇都宮市	中核市 518,594人 同上−10.5%		東西の公共交通軸整備。同時に居住誘導	LRT （全区間新設）	これから
毛呂山町	37,275人 同上−16.2%	ゴーストタウン化の懸念、財政危機	衰退阻止のため、誘導区域の利便性向上	バス	これから
夕張市	8,843人 同上−56.1%	財政破綻	公営住宅の集約	デマンド交通 （JR廃線後）	一定の成果

（出所）総務省「2015年国勢調査」、国立社会保障・人口問題研究所「日本の地域別将来推計人口（2013年3月推計）」

岐阜市は、路面電車廃止やバス事業者の撤退をバネにいち早くバスネットワーク（BRT、コミュニティバス）の構築に取り組んだ。先に公共交通網を整備したことで、その後のコンパクトシティ化を進めやすくなっている。公共交通網の構築に当たり、社会実験を繰り返し、また、ビッグデータの解析など先端的手法を取り入れた点も特徴的である。

宇都宮市は、LRTの全区間新設に挑戦しており、今後のLRT普及の試金石となる。しかし、現状では批判的な意見もあるため、今後、生活の利便性が向上するなど、できるだけ早い機会に目に見えた成果を出していくことが、推進力に弾みをつけられるかの分かれ目になると考えられる。

毛呂山町は、近い将来のゴーストタウン化と財政状況の悪化が懸念される中、まちの活力を維持していく方策として踏み込んだケースである。空き家対策ともリンクさせており、**地方の条件不利地など衰退の危機に瀕する自治体が、取り組む場合の参考になると思われる。**

政策の推進力となるもの

これらの事例からは、まちのコンパクト化という、どの自治体にとっても難事業を進めていくためには、次のようなポイントが浮かび上がってくる。

①危機感を活用すること。
②市民に粘り強く訴え理解を得ていくこと。
③少しずつでも成果を出し、メリットを実感させることが政策の推進力につながっていくこと。
④数十年を見据えた難事業であるため、首長がぶれずに進めていくことが、市職員も一貫した姿勢で仕事を進めやすくなること。

夕張市や富山市、岐阜市はすでに一定の成果を出している事例であるが、宇都宮市、毛呂山町はまだこれからである。ここで指摘したポイントを実行していくことができるかどうかも、今後の成否を左右すると思われる。

公共交通の選択肢

公共交通として何を選択するかは、地域の状況によって異なる。富山市の場合は、恵まれた鉄軌道のストックを活用した。岐阜市は路面電車が廃止された上、鉄道は市外との交通手段に過ぎないため、バスネットワークを充実させるしか方法がなかった。しかし、その逆境が先進的な取り組みを生んだ。

宇都宮市では南北の鉄道軸はあるが東西軸がないため、LRT の新設で補おうとしている。毛呂山町は旧市街地の人口維持で既存の鉄道路線を保つとともに、ニュータウンと鉄道駅を結ぶバス整備に注力しようとしている。夕張市は鉄道・幹線道路沿いへのまちの集約を進めているが、鉄道廃線の逆風に対しては、デマンド交通に活路を見出そうとしている。

毛呂山町が、公共交通の死は自治体の死につながるとの厳しい認識を示している通り、コンパクトシティ化を進めていくに当たっては、居住区域の絞り込みとともに、公共交通整備が重要になる。既存の公共交通の状況や地域特性を十分考慮して、地域にとって持続可能な交通手段は何かの見極めが必要になる。

居住地域の絞り込み

居住誘導区域の設定に当たっては、客観的な基準に基づくのがわかりやすい。例えば富山市では、中心市街地と、鉄軌道駅半径 500 m 以内およびバス停半径 300 m 以内の地域となっているが、こうした設定ができる前提としては、公共交通が整備されている必要がある。居住移動は強制できないが、適切なインセンティブを設けることで移動を促していくことは可能である。移動する側にとっても、その必要がない人にとっても、集住のメリットがあることを具体的に説明し、十分な理解を得ることが重要であることは、夕張市の事例が示す通りである。

現状出ている 112 都市の立地適正化計画（2017 年 7 月末現在）のうち、

都市機能誘導区域、居住誘導区域ともに設定されているものは66都市（59％）となっている。残りの計画は、都市機能誘導区域のみの設定にとどまっており、今後、居住誘導区域の設定が望まれる。

居住誘導区域が設定されれば、例えば3戸以上の住宅開発には届出が必要になり、開発が抑制される。ただ、居住誘導区域は市街化区域内で定められるが、居住誘導区域の対象とならない市街化調整区域では、自治体によってはこれまで規制緩和で開発を容認してきたケースも少なくない。居住誘導区域で開発を抑制するのならば、同時に市街化調整区域の開発も抑制しなければつじつまが合わないため、それも含めた対応が必要になる。将来的には、居住誘導区域外の開発は全面的に禁止するといった措置も必要になるだろう。

4 今後の課題

本章においては、コンパクトシティ政策の事例を取り上げ、取り組んだ契機や具体的な施策、効果などについて考察を行った。地域の特性に応じたLRTやBRT、デマンド交通などの公共交通整備の重要性が浮かび上がるとともに、居住地域の絞り込みについてはなお課題を抱えていることを指摘した。また、事例を通じて、コンパクトシティ政策を推進する力になるのは何かについても論じた。

現在、コンパクトシティ政策の取り組みは進み、立地適正化計画が次々と策定されているが、その後の実行が何より重要になる。今後の推移を見守り、どのような課題が浮上するかを注視していく必要がある。

第3章

マネーを呼び込む

― 地域内の消費、投資の活性化 ―

第3章の要約

地域活性化を図るため、地域内にいかにしてマネーを呼び込み、また、マネーを循環させていくかという点が重要な課題となっている。

マネーの循環については、1990 年代終わりから 2000 年代初めにかけて、地域通貨がブームになったものの、長続きしなかった。しかし近年は、消費を活性化させたい商店街と特定の政策目的を達成したい行政の取り組みがポイントの共通化を通じて結び付いたり、地域通貨を介した助け合いが再評価されたりすることによって、再活性化の兆しが現れている。スマホやブロックチェーン技術など、技術の進歩もそれを助けている。

マネーの呼び込みについては、マイナス金利という環境が、たとえ経済的リターンはなくても、社会的に意義あるプロジェクトに資金拠出したいという欲求を高めており、それが近年のクラウドファンディングの活発化を支えている。多くの人々の共感を呼び起こし、目標とする資金を集める事例も多数出ている。

このように、特徴ある仕組みでお金を呼び込み、循環させることができれば、地域活性化に役に立つ。地域通貨を構築しようとする動き、また、共感を呼ぶプロジェクトを構築しようとする動きは、今後さらに活発化していくと考えられる。

第3章　事例のポイント

駒ヶ根市「つれてってカード」

・ICカードへのポイント付加で購買力囲い込み
・公共施設などでも使用可能に。エコ活動にポイントも
・コミュニティカードとしての魅力高め、今後の生き残りを図る

大和市「LOVES」

・汎用の地域通貨目指し、トップダウンで導入
・使い道、メリットともなく使われず
・需要から出発する仕組みづくりの重要性

長崎県離島「しまとく通貨」

・離島共通のプレミアム付き商品券を販売
・旅行会社とタイアップして成功
・補助金打ち切りで電子化へ。活路を見い出せるか

近鉄「近鉄ハルカスコイン」

・企業通貨導入の大規模実験
・ブロックチェーン技術を導入
・将来的には沿線活性化のツールにも

柳川市「やなぽ」

・商店街のポイントを共通化
・多様な行政ポイントを付与
・利便性高まるが、加盟店増加には限界も

盛岡市「MORIO-J」

・商店街のポイントを共通化、WAONと相乗り
・イベント参加などに、行政がポイント付与
・プレミアム付き商品券もカードで購入可能に

尼崎市「まいぷれポイント」

・買い物ポイントに省エネポイントを付加
・電力ピーク時の外出やエアコン停止を促進
・今後はボランティアなどへのポイント付与も検討

可児市「Kマネー」

・現金のKマネーへの交換促し、地元商店の消費促進
・ボランティア活動に対し、Kマネーの報酬
・市は補助金や報奨金の一部をKマネーで支給

恵那市「モリ券」

・間伐材を相場より高いモリ券で購入
・不採算な間伐が促進され、森林の維持につながる
・モリ券を使える地元商店は活性化

相模原市「（よろづ）」

・互いにできることを　でやり取りし、助け合い
・コミュニケーション促進のツールにも
・素朴な形の地域通貨もなお有用

福知山市「けーら」

・都会からの農作業のボランティアに対しけーらでお礼
・来てくれた人との交流を促進
・地域活性化の取り組み強化の施策

鯖江市「FAAVOさばえ」

・具体的事業を提示し、広く資金調達
・見返りがなくても、共感呼び起こして成功
・全国で同様の動き広がり、共感獲得競争の様相

鯖江市「F×Gさばえ」

・ふるさと納税の仕組みで、事業の資金調達
・返礼品少なくても、共感に訴える戦略
・返礼品競争の歪みに一石を投じる取り組み

東川町「ひがしかわ株主制度」

・ふるさと納税の仕組みで、事業の資金調達
・株主と位置づけ、地域への関心を引き付け
・繰り返しの交流の推進策

うふふ♡
まちづくり創造課で仕事をするようになってから
まち歩きが趣味になっちゃった
ソフトクリーム
200円になります
じゃあこのカードで――
えっ…
あの見慣れないカードは…
なに？
このカードは地域通貨ですよ
ヨネヤマさん!?
な なんで ヨネヤマさんがソフトクリーム屋さんやってるんですか？
まぁまぁ…
それより地域通貨を使うことで――

1 2 3 4 5

マネーの呼び込みに
再活性化の兆しが
あるんですよ
はぁ…
地域の商店街
だけでなく
公共施設や病院でも
使用できるICカード
将来的には
自治体や他企業との
連携を目指した
企業主導の地域通貨が
出るかもしれません
もちろん
消費活性化と
一緒に
高齢者の見守り
などの特定の政策目的を
狙ったタイプの
地域通貨も
いいですね
・・・
ま
ソフトクリームでも
食べながら詳しく
お話ししましょう
あ あの お店は…？
すみませ――ん
店番お願い
しま――す
は――い
なんで
つくる君が
いるのよ
よっ

1 いかにしてマネーを呼び込むか

前章までは、コンパクトシティ政策やエリアマネジメント活動の活用によって、まちの再構築を図っていく方策について論じた。本章では地域経済活性化の方策に目を転ずるが、注目するポイントは次の二つである。

一つは、**地域活性化に資する資金を内外からいかにして調達あるいは呼び込むか**、もう一つは**地域内で囲い込んだお金の流れをいかにして活発化させるか**である。二つともマネーに関することであるが、地域の経済活動の活性化は、それを裏打ちするマネーの面から言えば、いかにしてマネーを呼び込み、また、マネーを回していくかという問題として捉えることができる。つまり、地域活性化を図るため、マネーの呼び込みと循環をいかに進めるかということになる。

後者のお金の囲い込み、循環については、**1990年代終わりから2000年代初めにかけて、各地で地域通貨を作る動きが活発化し、ブームとなった。**地域通貨でうまくいったものは少なく、活動はその後停滞したが、最近では、商店街と行政の取り組みの融合、地域通貨を介してつながり合うことの再評価、あるいは最先端技術の活用により、再び活性化する動きが見られる。こうした取り組みは、域内における消費活動を活発化させることにつながる。

前者の資金の調達、呼び込みについては、**2000年代初めから自治体がミニ市場公募債などの形で資金調達する手法が登場し、最近ではクラウドファンディングを使う動きなどが出ている。**また、ふるさと納税を、地元産品への消費ではなく、特定のプロジェクト費用への寄付に結び付けることにより、一種のクラウドファンディングの仕組みとして活用している例もある。こうした取り組みは域内の投資活動を活発化させることにつながる。

これらの動きは、市民のお金を貯蓄やたんすに退蔵させず、いかに域内の消費に結び付けていくか、また、いかに域内の投資に結び付けていくかという問題としても捉えることができる。そのための有効なツールがどのようなものかについては、地域活性化のためにこれまでも絶えず考えられてきたが、その新たな動きについて論じようとするものである。

本章では、具体的な事例を紹介しながら、その意義や課題について検討を加えていく。地域通貨について注目する事例は、以下のようなものである。まず、**先駆的な取り組みとしては、ブーム期に登場し現在も続いている成功事例として、長野県駒ヶ根市の商店街共通カード「つれてってカード」がある。**これに対し、失敗事例は数多あるが、経済産業省のモデル事業ともなったにも関わらず、短期間で停止を余儀なくされた神奈川県大和市の地域通貨「LOVES」がある。

最近の地域通貨の事例としては、消費活性化を狙ったものとして**「しまとく通貨」**（長崎県離島）、**「近鉄ハルカスコイン」**（近鉄）がある。最近の地域通貨では、商店街のポイントと行政が特定の政策目的達成のために発行するポイントを共通化している例が多く、**「やなぽ」**（福岡県柳川市）、**「MORIO-J」**（岩手県盛岡市）、**「まいぷれポイント」**（兵庫県尼崎市）がある。紙幣方式としては、**「Kマネー」**（岐阜県可児市）、**「モリ券」**（岐阜県恵那市中野方町地区）がこれに当たる。このほか、助け合いを促すツールとして登場した、**「萬（よろづ）」**（神奈川県相模原市藤野地区）、**「けーら」**（京都府福知山市毛原地区）がある。

一方、前者の新たな資金調達の取り組みとしては、クラウドファンディングを積極的に活用している事例として**福井県鯖江市**がある。また、ふるさと納税をクラウドファンディングの仕組みとして活用している例は、同じく福井県鯖江市のほか、**北海道東川町**がある。

本章では以下、2では、地域通貨の類型、海外および日本における先駆的取り組み、地域通貨の歴史的・思想的背景について考察を加えた上、最新事例を分析し、今後を展望する。3では、新たな資金調達手法について、その先駆的な取り組み、最新事例を分析し、今後を展望する。4では以上をまとめ、今後の課題について述べる。

2 消費活性化の方策

地域通貨の類型と代表的事例

■地域通貨の類型

まず、地域通貨の類型を整理しておこう。地域通貨はこれまで日本のみならず、世界各地でさまざまな形で現れてきた。**地域通貨はその生まれた背景、果たす役割によって、おおむね次の四つの形態に分けることができる。**

第一は、**国家経済破綻への対応として生まれたケース**である。国家経済が破綻状態になって、法定通貨が十分行き渡らなくなる、あるいはその価値が非常に乏しいものになるなどして、法定通貨がその機能を十分果たすことができなくなった場合に、市場的な財・サービスの取引手段として、独自の地域通貨が作り出される場合がある。この典型的な例が、かつてのアルゼンチンにおけるRGT（Red Global de Trueque: グローバル交換リング）である。アルゼンチンでは、国家経済の疲弊に伴い、それに対応するためさまざまな財を交換する市場が各地で自然発生的に生まれ、その中だけで通用する地域通貨が出現した。これらは法定通貨とは別な通貨を用いて、市場取引を行うものである。

第二は、**消費活性化のために生まれたケース**である。例えば、スイスのWIR（ヴィア）は、会員である中小事業者が会員間の取引において、決済通貨の一部としてWIRを使うことによって、互いに取引先を確保しつつ、会員内でマネーを循環させる仕組みとして誕生した。

また、商店街や特定の企業グループが消費活動を活発化させる目的でポイントカードを導入している例は多いが、これも地域通貨の一種と捉えられる。ポイントはそこだけで使える地域通貨であり、商店街や企業はポイント発行を通じ、法定通貨である円を呼び込もうとするものである。

これら消費活性化のために現われた地域通貨は、いずれも法定通貨を原資として発行されている。つまり消費者や会員は、地域通貨を、法定通貨と交換することで（ポイントの場合は法定通貨の一部がポイントとしてバックされることで）、手に入れることができる。

第三は、**地域の相互扶助活動やボランティア活動を活性化させるために生まれたケース**である。これは、家事援助や不要品の交換、ボランティア的な活動など市場的な取引にはなじみにくい財・サービスを交換する目的で導入されている地域通貨である。イギリスの**LETS**（Local Exchange and Trading System）などが知られ、日本ではエコマネーの活動として登場し、北海道栗山町の**「クリン」**などがかつて有名になった。

これらはいずれも、失われた地域の人間関係や助け合いの活動を、地域通貨を媒介にして再興しようとする動きである。こうしたタイプの地域通貨は、法定通貨が果たしにくい、非市場的な財・サービスを交換する機能を果たす。その意味で、法定通貨とは棲み分けた存在といえる。

第四は、**第二と第三の双方の目的を達成しようとする融合型**である。例えば、地域の商店街の活性化と、ボランティアやNPOなどの相互扶助活動を同時に達成しようとするものである。この例としては、カナダ・トロントの**トロントダラー**、アメリカ・ミネアポリスの**コミュニティヒーローカード**がある。

駒ヶ根市商店街のつれてってカードは、商店街における消費促進を目的に出発し、後に市民がエコ活動などで得たポイントも入れられるようになった。この結果、つれてってカードは、消費で得たポイントと、行政が特定の政策目的達成を目的に発行するポイントが一括して管理されるカードになった。現在の日本ではこのタイプが増えており、これも第四の融合型に属する。

一方、**地域通貨は、通過の媒体として何を使うかによって、①紙幣方式、②借用証書方式、③通帳（帳簿）方式に大きく分けることができる。**①は、独自の紙幣を発行するものである。②は、借用あるいは手形方式で、所有者がそれに裏書きすることで有効になり、流通させていく方式である。③は、行った取引、収入、支出、残高を各自が通帳（帳簿）を使って管理する方式である。この進んだ方式として、磁気カード方式、ICカード方式が位置づけられ、近年はスマホを使う例も出ている。

先に挙げた例では、アルゼンチンのRGT、カナダ・トロントダラーが紙幣方式であった。スイスのWIRは通帳方式から出発し、磁気カード方式に移行した。エコマネーは、①、②、③のいずれのタイプもある。ミネアポリス・コミュニティヒーローカード、駒ヶ根市つれてってカードはICカード方式であった。以下では、これらのうち代表的なものを紹介する。

■相互扶助型―LETS、エコマネー

ボランティア的な相互扶助活動を媒介する地域通貨の代表としては、イギリスにおけるLETS、アメリカのタイムダラー、日本のエコマネーをあげることができる。日本のエコマネーとしては、先に述べた北海道栗山町の「クリン」(2000年)が一時期、有名になった。相互の助け合いを、エコマネーである「クリン」を媒介にして行うものであった。

これらの仕組みでは、相互扶助の媒介となることが基本で、法定通貨への換金は行われない。その基本的な仕組みは以下のようになっている。すなわち、活動をする人ができることを登録し、活動をして欲しい人はそれを見て、事務局を通すなどして活動できる人に依頼し、その代金として地域通貨を支払うというものである。活動する人が得た地域通貨は、今度は自分が活動を依頼した時に使うことができる。

地域通貨の使用を促進し、活動を活発化するために、地域通貨に有効期限が設けられている場合もある。この場合は、地域通貨がある時点に達するとゼロになるため、マイナス利子が付いているとみなすことができる。

■融合型①―トロントダラー

消費活性化とNPOへの寄附促進を同時に狙うタイプの地域通貨として知られているのは、カナダのトロントダラーである(1998年)。市の中心部のセント・ロレンス市場区域でかつて使われた。

トロントドル(以下では、カナダドルに合わせてトロントドルと表記)は紙幣方式で、紙幣はカナダドルと同じ印刷所で印刷される。1、5、10、20トロントドルの4種類の紙幣がある。消費者は、大手商業銀行の支店(CIBC

トロント通り支店）で、カナダドルとトロントドルを交換することができる。交換する際、10%はNPOへの拠出金とされる点が特徴である。つまり、カナダドルとトロントドルの交換比率は10対9となっており、**消費者はトロントドルを得るために、カナダドルを交換する際、その10%をNPOに寄付する形になる。**トロントドルの発行額は、一時期、約40万トロントドルに達した（NPOへの拠出金は約4万ドル）。使用を促進するため、トロントドルの紙幣は一定期間を過ぎると無効になる。

トロントドルは、最盛期に地域の商店約200店舗で利用可能となった。各商店は代金の何%をトロントドルで受け取るかを表示しており、支払いはカナダドルとトロントドルを併用することで行われる。**消費者は全額を法定通貨で支払うより、幾分安く商品を購入することができる。**法定通貨と併用するという点では、トロントドルはそれを介して、域内に法定通貨であるカナダドルを還流させる仕組みとしても機能することになる。

各商店は、消費者から得たトロントドルを他の加盟店で使ったり、従業員の給与の一部としたりして使うことができる。つまり、トロントドルは、通常の法定通貨と同じように、何度でも流通していることになる。**この点は、日本の商店街で、消費活性化のためにしばしば発行されているプレミア付き商品券が、1回限りの使用で終わるのとは異なる。**消費者や商店は、トロントドルをカナダドルに交換することもできるが、この際も交換レートは10対9で、10%はNPOへの拠出金とされる。法定通貨への100%の換金性を保証しないことで、いったん域内に囲い込んだ購買力を流出させない工夫である。

このようにトロントドルは、地域の商店街に購買力を呼び込み、その中で貨幣を循環させる効果を狙うとともに、NPO活動に消費者が手軽に寄付できるようにして、地域経済活性化のみならず、地域のNPO活動にも貢献する役割を果たすことが意図された。しかしその後、使用は思うようには広がらず、2004年頃には使用できる店舗は半分以下の約90に減少し、年間流通量は2～3万トロントドルと低迷、ついには2013年に停止されるに至った。

なぜトロントドルを使わなければならないのかという意義が理解されず、

使用が広がらない中では商店が受け入れるメリットもなかった。しかし、後に述べるように、最近の日本ではこれに類似した仕組みが出てきており、トロントドルは、融合タイプの地域通貨をいち早く実験した例と捉えることができる。

■融合型②—コミュニティヒーローカード

ICカードタイプで融合型の地域通貨の代表例としては、アメリカ・ミネアポリスのコミュニティヒーローカードがあった（1997年）。**この仕組みは、買い物をした場合に還元されるポイントについて、その一部は無条件で使えるが、残りの部分は地域でボランティアを行った場合に使えるようにするというもの**である。

具体的には次のような仕組みである。消費者が地域の商店で100ドルの買い物をした場合、10ドルのポイント（「コミットメント（貢献）」と呼ばれる）が付与されるとする。コミットメントの率は加盟店があらかじめ決めておく（5～20%）。コミットメントは、事務局が消費者に対して、受け取った法定通貨の一部を原資として発行した地域通貨とみなすことができる。

初期の仕組みは次のようなものであった。この10ドルのコミットメントのうち、4割分の4ドルは、消費者は無条件で、次の買い物で現金として使うことができる。残りの6割分のコミットメントのうち4ドル分は、消費者が地元でボランティアをして稼いだ金額（CSドル＝コミュニティサービスドル）に応じて、買い物で使うことができる。1時間のボランティア活動が10CSドルに相当する。例えば、その消費者がボランティア活動で4CSドル分の活動を行っていれば、4ドル分のコミットメントは現金として使うことができる。CSドルを持っていない場合には、4ドル分はボランティア団体（NPO）に寄付される。残りの6割分のコミットメントのうち2ドル分は、事務局に入る運営費になる。

しかし、こうした仕組みは、その後、**CSドルをポイントに変換する仕組みが必ずしもうまくいかなかったため、見直しを余儀なくされた**（2003年）。ボランティアをポイントに変えようという消費者が多くなかった上、事務局が消費者のボランティア時間を正確に把握できなかったためである。NPOにとっては、消費者のボランティア時間を報告しない方が、自らへの寄付金が増えることになる。このため、CSドルをポイントに変換することは止め、商品との交換性を高める一方、NPOへの寄付を増やす方向で手直しされた。

消費者が無条件で使える分（4ドル）と事務局の運営費に回る分（2ドル）は変わりないが、残りの4ドルのうち25%がNPOに一律に寄付され、15%が各NPOの活動時間に応じて比例配分する方式に改められた。この結果、CSドルをポイントに変換する仕組みはなくなり、地域通貨の一部をNPOに寄付しているという点では、トロントドルに近くなった。

このようにミネアポリスの仕組みは、**買い物をしてポイント還元される部分の一部を、ボランティアに寄付することで、地域における消費とボランティア活動を同時に活性化させることを狙った。**複雑な仕組みを、ICカードを使うことで実現した。しかし、この活動もトロントドルと同じような理由により、浸透したわけではなかった。ただ、現在の日本ではICカードなどで同趣旨の仕組みを作る動きがあり、カードを使った地域通貨のモデルとして参考になる。

■地域通貨がもたらす効果

地域通貨がうまく機能した場合の効果については、次のようにまとめることができる（国家経済破綻型以外）。

まず、**相互扶助型では、非市場的な財・サービスの交換を、地域通貨を通じて促すことで、その貨幣的な評価と活動の活性化に寄与することになる。**個人の能力を人のために役立てられる上、地域通貨も得ることができるという点で、個人の可能性の発見や、余剰労働力の活用にもつながることになる。新たな人間関係を育むことで、地域の結びつきや連帯を強めるという効果も達成することができる。

一方、**消費活性化型では、商店街などが独自の地域通貨を発行することで、域外への購買力の流出防止、域内の相互依存活動の拡大に寄与し、それがうまくいけば、地域経済の自律的成長にまでつなげられる可能性がある。**一方、企業や商店が単独で発行するポイントも消費活性化型タイプの地域通貨の一種であるが、その目的は、企業の売り上げを増やす一つのマーケティング手法で、ポイントを媒介として企業内に法定通貨を呼び込むことを狙っている。

両者が融合したタイプでは、賛同する商店のグループがボランティアやNPOなど相互扶助活動を支援し、そうした活動をした人に地域通貨を付与することによって、顧客や売り上げを増やすことができるというメリットがある。このタイプでは、地域の経済活動とボランティア活動などを同時に活性化できる可能性がある。

ただ、**理屈の上ではこうしたメリットは期待できるものの、日本で1990年代終わりから2000年代初めのブーム期に現れた地域通貨は、初期の目的を達成できず、その多くは自然消滅した。**相互扶助タイプの使用は広がらず、また、消費活性化とボランティアなど相互扶助の融合タイプでは、そうした形で社会貢献することの意義が理解されなかった。

例外は、企業や企業グループによる純粋に商業的なポイント制度であり、廃れるどころかむしろ発展していき、ポイント同士の交換可能性を高め、ポイントが共有される範囲が**「ポイント経済圏」**と呼ばれるまでになった。一方、商店街のポイントは、従来からの仕組みをICカードに進化させて生き残っても、地域活性化の効果までを発揮したものは少ない。

以下では、1990年代終わりから2000年代初めの日本で登場し、現在まで残っている成功事例と早々に姿を消した失敗事例を見る。

日本における先駆的取り組み

■つれてってカード（長野県駒ヶ根市）

まず、現在まで続いている例である。長野県駒ヶ根市の商店街では、郊外に大型ショッピングセンターが開店したことに伴い、売り上げ額が大きく減少した（1994年、3割減）。そこで、消費者を地域の商店街につなぎとめるため、1996年に、商店街で買い物すればスタンプが貯まるこれまでの仕組みを改め、ICカード方式に移行することにした（「つれてってカード」、つれてってカード協同組合が運営)。2002年には、経済産業省のIT装備都市研究事業の指定を受けた。

この仕組みは、まずICカードに法定通貨である現金をチャージすると、その段階で0.5%のポイントがICカードに貯まり（加盟店でチャージした場合、地元のアルプス中央信用金庫でチャージした場合は1%のポイント)、さらにICカードを使って商店街で買い物をすると1%のポイントが貯まるというものである。貯まったポイントで買い物をした場合にも、再びポイントがつく。このように、**消費者の持つ現金を、地域の商店街で使えるICカードに移し変えさせることで購買力を囲い込み、それを地域で循環させようとする仕組み**である。ポイントを媒介にして法定通貨を地域商店街に還流させる仕組みであるといえる。

この仕組みを導入して以来、落ち込んでいた地域商店街の売り上げは回復し、継続的に増加するという効果が得られた。カード発行枚数は一時期、約2万5,000枚と1世帯1枚以上となり、加盟商店は約200店舗（加盟率50%）に達した。2001年度にはカード対象売上高は20億円近くに達し、中小企業庁が選定する「新・がんばる商店街77選」(2009年）にも選ばれた。当初は駒ヶ根市だけでスタートしたが、その後、隣接する町村にも広がった(1998年に飯島町、2000年には中川村に利用範囲を拡大)。

このように、つれてってカードは地域商店街で広く通用する通貨としての地位を獲得していったが、これに行政が相乗りする形で、公共施設や病院などでの使用も可能になり、さらに地域の通貨としての汎用性が高まるに至った。つまり、つれてってカードは、段階を経て、地域コミュニティで広く利用できるカードの形態をとった通貨（＝コミュニティカード）としての機能を持つようになっていった。

その後、エコ活動や健康づくりの活動を行った場合にポイント補助券が得られる仕組み（「えがおポイント」）が設けられ、それをポイントカードに入力できるようになった（図表3-1)。これにより、つれてってカード上で、経済活性化型の商店街が発行するポイントと、地域に貢献する相互扶助型のポイントが同時に管理されるようになった。こうしてつれてってカードは、

●図表 3-1　つれてってカードの「えがおポイント」の仕組み

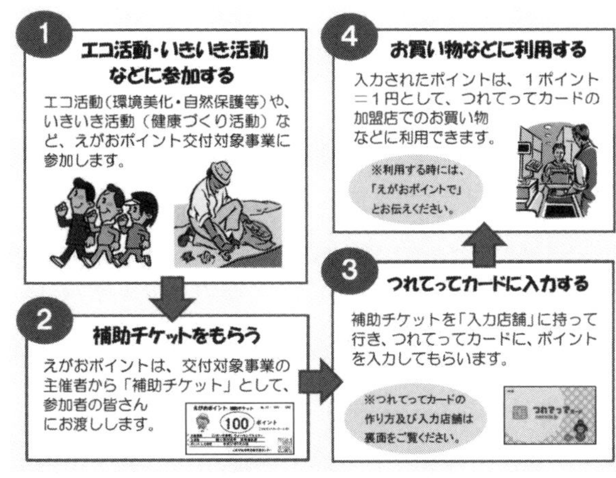

（出所）駒ヶ根市

商店街のカードから出発しつつも、コミュニティヒーローカードのような要素も併せ持つこととなった。

ただ、つれてってカードは当初は普及が急速に広がったが、その後、頭打ちとなり、運用開始20年を迎えた2006年10月時点では、1万7,000枚の発行で、加盟店は148店舗となっている。2015年度のポイント発行は1,120万ポイントで、約11億円が消費された計算になる。現在でも一定の地域経済活性化効果をもたらしているが、使用する人の固定化や高齢化などの波にあらがえず、これ以上の使用拡大の限界に達している。地元消費だけでは限界もあるため、観光客への普及の可能性なども模索されている。

このようにつれてってカードは生き残ったものの、今後は地域の人口減少や高齢化にどのように対応していくかが課題として上がってきている。

■LOVES（神奈川県大和市）

次に挙げるのは失敗例である。神奈川県大和市の地域通貨である、LOVES（Local Value Exchange System: 地域価値交換システム）は、地域通貨や商店街のポイントなどの機能を総合的に併せ持つ貨幣として構想され、2002年に運用が開始された（単位はラブ）。LOVESは、2001年に経済産業省のIT装備都市研究事業の指定を受けた。

LOVESは、ICカード方式で運営されており、当初、ICカードを希望した市民9万人に、1万ラブずつ付与され、この時点でLOVESは、国内最大規模の参加人数を持つ仕組みとなった。最初に無償でラブを付与したのは、まずは使ってもらうことでこの仕組みに親しんでもらおうという意図からである。

ラブは、家事援助などの相互扶助活動やリサイクル品のやりとりや、賛同する商店などで使うことができる。また、まちづくりなどのボランティア活動に参加したりすることによってもラブが付与される。つまり、ラブという**地域通貨を媒介にして、市民間の交流・助け合いを促進したり、地域の商店街を活性化したり、ボランティア活動を活性化しようとするもので、各種の地域通貨の機能を併せ持つものとして構想された。**市民同士でやり取りする場合は、ホームページに登録された提供される財・サービス一覧を見て、直接交渉する。

ラブの使用を促進するため、年末に残高をリセットする（ゼロにする）こととした。また、ラブの搭載されたICカードは、市民証としての機能を持ち、これによって住民票や印鑑証明の自動発行を受けられたり、国民健康保険証としても使ったりできるようにすることを目指した。

このように、**LOVESは大きな構想を持って導入されたが、使用はなかなか広がらなかった。**この要因にはさまざまなものがあったが、その一つには、商店にとってラブを受け取るメリットが少なかったという点がある。代金としてラブを受け取ってもそれを仕入れや従業員の給与支払いにまで使用できるわけではなく、使い道がなかった。このため参加する商店が広がらず、逆に参加を取りやめる商店も現われた。年末にリセットされるという仕組みも、使用を促す以前に、いくら貯めても年末にリセットされるという点から、ラブを貯めようとする意欲を失わせた。

このため、2004年1月から仕組みが改められた。年末にリセットする仕組みを止めるとともに、簡易にラブの受け渡しができるようにするため、補助券であるラブ券が発行されるようになった。ICカードから引き出せる形の補助券である（補助券の有効期限は6カ月）。また新たに、円と交換して商店街だけで使える「にぎわいラブ」という仕組みも設けられた（1にぎわいラブ=1円)。市民にとっては、にぎわいラブで買えば安くなるなどのメリットがあり、商店街にとっては購買力を呼び込める仕組みを目指したものである。

しかし、それでも使用は広がらなかった。ラブを庭の草刈りや家の掃除、パソコン指導などで獲得しても、購入できるものは椅子や本などの不用品などが中心で使い道が乏しい状況が続いたからである。お互いできることの交換で助け合いの連鎖が起こったり、不用品でもその交換が活発になったりすれば、機能していく可能性はあったが、そうした方向には発展しなかった。一方、商店街で導入されたにぎわいラブも、商店が受け取っても使い道がなく、やむなく事務局が円に戻すなどの措置を取らざるを得なくなった。結果として一連の仕組みは機能しない状態となり、**2007年の市長選で、それまで導入の旗を振ってきた市長が敗れ、新たな市長が誕生したのを機に廃止された。**

駒ヶ根市のつれてってカードが、買い物カードからコミュニティカードへ段階を経て発展していったのに対して、大和市のLOVESは、当初からさまざまな機能を併せ持つ地域通貨を導入する形をとったため、混乱を招いた。いわば前者がボトムアップアプローチで着実にその機能を高めてきたのに対して、後者はトップダウンのアプローチでさまざまな機能を併せ持つものとして導入されたが、市民や現場はそれについていけず、使用は広がらなかった。ラブを媒介にした助け合いの連鎖は起きず、商店街もそこで得られたマネーを受け入れなかった。結果として、2002年からの5年間で投入された事業費用8億4,000万円は無駄に終わった。

このように大和市の事例は失敗に終わったが、最近、大和市のように広域ではなく限定されたエリアにおいて、互いにできることや自ら生産したものを交換し、また、一部商店でも使える地域通貨が機能している地域が出現している（神奈川県相模原市緑区藤野地区、111頁参照)。しかも、ICカードや読み取り装置、残高管理のシステムなどを必要としない、紙の通帳による仕組みである。

これは、**互いの信頼が成り立つ限定されたエリアにおいては、大和市では成り立たなかった仕組みが成り立つ可能性を示している。**後に述べる地域通貨の最新事例でその仕組みを紹介するが、それとの対比で言えば、大和市の場合は、そうした信頼が成り立つ範囲を超えて、広域でしかもトップダウンで導入しようとした点が失敗の原因になったと考えられる。

地域通貨の歴史と思想

■大不況とマネー囲い込み

これまで述べてきたような、**マネーを地域内に囲い込んでその中で循環させようとするという動きは、歴史的にみて、不況が極めて深刻化した場合にしばしば現れる性質のものであることが知られている。**不況に伴うマネー不足を、地域独自のマネーを発行することで補おうとする動きが活発化するためである。ここで地域通貨の歴史と意義を整理しておく。

歴史的によく知られているのは、世界恐慌後の各国で現れた事例である。ドイツ、オーストリア、デンマーク、スイス、アメリカなど多くの国で、さまざまな取り組みが現れた。また、1980年代から1990年代にかけても、深刻な不況を克服するため、カナダやアルゼンチン、アメリカなど多くの国で現れた。

ここでは、ドイツ・バイエルン州のシュヴァーネンキルヘンで発行された「ヴェーラ」(1930年)、オーストリアのヴェルグル「労働証明書」(1932年)の例を簡単に紹介しておこう(以下の記述の歴史的事実は、西部〔2002〕、あべ・泉〔2000〕)、河邑・グループ現代〔2000〕による)。

ドイツ・シュヴァーネンキルヘンでは、大恐慌のあおりを受け、地場産業である鉱山が閉山を余儀なくされ、地域経済が停滞した。そこで新たに炭坑オーナーになったヘベッカーは、炭坑を再開するため、銀行から資金(4万ライヒスマルク)を借り入れ、これを担保に独自の通貨である「ヴェーラ」

を発行し、炭坑労働者の賃金の3分の2をヴェーラによって支払うこととした。法定通貨によってすべて賃金を支払えば、すぐに経営が行き詰まると考えられたからである。

ヴェーラは石炭と兌換可能な紙幣で、毎月額面の2%のスタンプを購入して紙幣に貼り付けなければ使えない、マイナス利子の付いた貨幣であった(早く使わなければそれだけ減価していく貨幣)。ヘベッカーはヴェーラの使える店を自ら作り、そこにヴェーラを持った炭坑労働者が多数訪れるようになると、それをみた地域の他の店もヴェーラを通貨として受け入れるようになった。こうしてヴェーラの使用は、小売業から卸売業者、さらには生産者にまで及び、ヴェーラを媒介にして地域内の経済活動が活発化していった。ヴェーラは、1930～31年の間に2万ヴェーラ発行され、約250万人が使用した。当時のドイツでは、同様の試みを多数の企業が行った。

オーストリア・ヴェルグルでも大恐慌のあおりを受け、町の経済活動は停滞した。そこで町長が銀行から資金(3万2,000オーストリアシリング)を借り入れて、現金と兌換可能な「労働証明書」を発行した。町は失業者を雇用してその賃金を労働証明書で支払い、町職員の給料の半分も労働証明書で支払った。労働証明書もヴェーラと同様に、持っていると毎月額面の1%が徴収される減価するマネーであった。「労働証明書」を媒介に、町の経済活動は次第に活発化していった。労働証明書は、法定通貨であるオーストリアシリングの14倍の速さで流通した。

これらの取り組みは、中央銀行の通貨発行の独占権を侵すものであるとして、いずれも短期間で廃止することをやむなくされたが(ヴェーラは1931年、労働証明書は1933年に廃止)、企業や地域が独自にマネーを発行することで、経済の活性化を図ることができることを証明する一つの事例となった。調達した法定通貨を地域通貨に交換して、しかもそれにマイナスの利子率を付けることによって循環を促すという仕組みは、現在の地域通貨と基本的に同じ考え方に基づいている。

■減価するマネーの思想―ゲゼルの自由貨幣論

こうした減価するマネーを導入して、貨幣の流通速度を高めるという発想は、アルゼンチンで成功したドイツ人実業家であり、思想家でもあったシルビオ・ゲゼルの考え方の影響を受けたものである。シルビオ・ゲゼルは、1916年に著した『自由土地と自由貨幣による自然的経済秩序』で、自由貨幣という新たな貨幣の仕組みを提案した（以下の記述の歴史的事実は、あべ・泉〔2000〕、河邑・グループ現代〔2000〕による）。

ゲゼルは、貨幣の流通量だけでなく貨幣の流通速度も管理されなければならないと考えた。すなわち、貨幣の流通は個人の気まぐれや投機家の貪欲さから自由でなければならず、管理されなければならないとした。そのためには、財が時間の経過とともに劣化していくように、貨幣もまた劣化していかなければならないと考え、貨幣に持越税（デマレージ）を課すことによって、貨幣を減価させていく仕組みを提案した。具体的には貨幣の保有者が、印紙を購入して毎月貼り付けなければ使うことができないマイナス利子を持つ「スタンプ貨幣」の仕組みを提唱した。ゲゼルが想定した印紙代（＝紙幣の減価率）は、週当たり紙幣額面の1000分の1で、これは年5.2％に相当する。

貨幣価値が時間とともに減価していけば、貨幣を手元に退蔵させず、できるだけ早く使おうというインセンティブが与えられる。つまり貯蓄よりも消費が促進されることで、とりわけ不況期では経済を活性化させる効果を持つ。また、マイナス利子は長期的にみて、資本形成にも良い影響を与えると考えることができる。

貨幣価値が時間とともに減価していけば、貨幣を手元に退蔵させずできるだけ早く使おうというインセンティブが与えられる。つまり貯蓄よりも消費が促進されることで、とりわけ不況期では経済を活性化させる効果を持つ。

また、マイナス利子は、資本形成にも影響を与える。この点について、ゲゼルの思想を高く評価したケインズは『一般理論』（1936年）の中で、スタンプ貨幣の仕組みを紹介した上、貨幣が減価する世界においては、

投資の予想収益率＋貨幣の減価率＞市場金利 ………（1）

との条件が成り立つ時に投資が行われるとした（室田〔2004〕による）。貨幣を投資に回せば、貨幣の減価から逃れられるとともに、投資収益が得られることになる。この二つを合わせた分が、市場金利を上回れば、投資した方が有利になる。そして、完全雇用の下で、上の式の等号が成り立つような貨幣の減価率を模索していけばよいという。一方､貨幣の減価がない世界では、投資が行われる条件は、

投資の予想収益率＞市場金利 ………（2）

であるため、貨幣が減価する世界においては、より低い収益率の投資が行われやすくなる。

他方、適当な投資先がない場合には、貨幣を実物資産に換えることも考えられるが、その場合の条件は、

貨幣の減価率＞実物資産の減価率 ………（3）

が成り立つ時になる。すなわち、貨幣の減価率と実物資産の減価率（減価償却率）とを比較して、貨幣をより長期的に価値の維持できる実物資産に換えることにほかならない。例えば、家の修繕や森林の保護育成などがそれに当たる。先に挙げたオーストリア・ヴェルグルの例では、町民は手に入れた労働証明書で消費が満ち足りると、次にはそれを家の修繕に使い、さらには積極的に樹木を植え始めたという。

現代においては、貨幣を保有したままの場合に減価していく仕組みは、IC カードなどの仕組みを使えば、より簡単に構築できるようになっている。ポイントに有効期限が設けられているのも、そうした仕組みの一種である。

一方、貨幣を保有したままだと減価していく仕組みは、そうした条件が設定されている地域通貨についてのみであり、投資について上記のような影響が現れるわけではない。しかし、現代においては、日銀の金融緩和でマイナス金利政策が採られており、上記の式のうち、（2）の式について、市場金

利がゼロ近辺になっているため、金融緩和が行われない場合に比べ、より低い収益率の投資も行われやすくなっている。ただ、市民にとっては、金融機関に預けてもほとんど利子の付かない状況となっており、そうした環境の下、行政が行うプロジェクトや事業に対し、その意義を認め、あるいは共感して、たとえ見返りがなくとも行政に資金を拠出、寄付する動きが広がりつつある。

これは、マイナス金利の世界で資金の預け先に困り、どうせリターンが得られないのならば、社会的に有意義な分野に資金を振り向けようとする動きとも捉えられる。貨幣が直接的に減価していく意味でのマイナスの利子ではなく、市場金利がマイナスになるケースであるが、その結果として、市民の資金が社会的に意義のある事業に振り向けられる動きが出ていることには、オーストリア・ヴェルグルで貨幣が長期間持つ実物資産に換えられたことと、共通する要素があるようにも思える。貨幣を持っていても減価する、あるいは持っていても減価するわけではないが適当な預け先がない場合に、貨幣をより意味のあると考えられるものに換えようという動きである。この点については、本章の3節で改めて論じる。

最新事例と効果①―消費活性化

地域通貨を作る動きは、日本では前述のように、1990年代終わりから2000年代初めに活発化した。バブル崩壊後の不況が長期化する中、地域内にマネーを囲い込んで循環させ経済を活性化させる必要性や、疲弊する地域において地域内の助け合いを取り戻す必要性が高まったことによる。ところが、その後、思うような成果は上がらず、多くは自然消滅した。

しかし最近では、消費を活性化させたい商店街と特定の政策目的（ボランティア活動やまちづくり活動の推進など）を達成したい行政の取り組みが結び付いたり、地域通貨を介した助け合いが再評価されたりすることによって、再活性化の兆しが現れている。スマホやブロックチェーン技術など、技術の進歩もそれを助けている。

■しまとく通貨（長崎県離島）

バブル崩壊後の長期不況の過程で、消費喚起を目的として自治体がプレミアム付き商品券を発行する動きが活発化し、今でも存在するが、**「しまとく通貨」（しま共通地域通貨）は長崎県の離島が共同で発行した旅行者限定のプレミアム付き商品券であるという点に新しさがある。**

長崎県の全域離島3市2町（対馬市、壱岐市、五島市、小値賀町、新上五島町）は人口が1960年のピーク時から半減し、若者の流出にも歯止めがかからない状況が続いてきた。長崎県はかねてから「しまは日本の宝」として離島振興に取り組み、さまざまなアイディアを検討していく中、2012年10月に「しまとく共通地域通貨発行委員会」を発足させ、2013年度から島外からの旅行者向けにしまとく通貨を発行することとした。

5,000円分で6,000円（1,000円券の6枚綴り）のしまとく通貨を購入できる仕組みで、使用期限は6カ月とした。長崎県内の離島（上記の全域離島3市2町と佐世保市宇久町、さらに2014年4月に長崎市高島町が加入）の宿泊施設、飲食店、土産店、小売店、レンタカーなどで使用することができる（当初793店舗、後に1,100店舗以上）。年間36億円の発行で、3年間で108億円発行する計画とした。年間7億円分のプレミアム原資が必要になるが、その7割を過疎対策事業債で賄い、3割をしまとく共通地域通貨発行委員会が負担（県と市町）することとした。購入できる場所は、空港や港など（当初、長崎空港、福岡空港、長崎港、佐世保港、博多港など41カ所、後に都市圏も含め約70カ所）とした。1回の旅行について一人当たり最大6セット購入できる。加盟店は換金する際に手数料を支払う（通貨1枚当たり100円）。

発行に当たっては、旅行会社とのタイアップも行った。旅行商品5,000円分に対して、しまとく通貨1枚（1,000円）をキャッシュバックするスキームである。例えば、1万3,000円の旅行商品を旅行会社で購入する場合は次のようになる。この時、消費者は1万円で12,000円分のしまとく通貨を購入し、1万3,000円の支払いを1万円分のしまとく通貨と現金3,000円で支払ったとみなす。しまとく通貨2,000円分（1,000円券×2枚）が余るので、これを消費者にキャッシュバックする。つまり消費者は2,000円の値引き相当分を、しまとく通貨2枚で受け取り、これを島内での買い物で使うことができる。あるいは、旅行会社は消費者にキャッシュバックせずに、食事代や宿泊代など旅程に入っているしまとく通貨加盟店への支払いに充ててもよい。

旅行会社は、しまとく通貨1枚当たり100円支払う。旅行会社からすれば100円の負担でしまとく通貨1枚で仕入れ、これを旅行者にサービスできることになる。タイアップは、募集企画型の旅行のみ（手配型旅行は修学旅行のみ可）とした。手配型旅行も対象とすると、観光客以外のビジネス客も対象となってしまい、島で目指す交流人口の増加という目的に合致しないためである。

1年目の2013年度の発行は計画の75%にとどまったが（45万6,000セット）、2年目以降は、制度が周知され、旅行会社とのタイアップも進んだことで、発行が伸びた。それまで、長崎県内離島の商品を販売していなかった旅行会社もタイアップして商品を作る動きが見られ、2014年度には260件ものパック旅行が発売された。その結果、2014年度は87万セットの販売となった。しまとく通貨はその後、全国的にも注目され、結局、3年間で目標の180万セットを大きく上回る222万5,400セットを販売した。**導入後、観光消費額は16%、来島者数は10%近く伸びた。**

このようにしまとく通貨は、大きな経済効果をもたらしたが、2016年度以降は、県からの補助金が打ち切られるため、費用負担面で存続の岐路に立たされた。負担の大きさから、対馬市と長崎市高島町は離脱した。対馬市は財源確保が難しく他の事業を削ってまで旅行者に補助する理由が見い出せないこと、長崎市高島町は通貨の現金化に時間がかかることなどを離脱の理由に挙げた。

そこで2016年度は仕組みの抜本的な見直しを行った。プレミアム原資の負担を減らすため、2016年度の発行は2015年度の半分以下の37万セットに抑制し、販売も観光閑散期の冬場（10～3月）のみとした。発行コスト削減のため、地域通貨を電子版に衣替えすることとした（図表3-2）。専用ホームページに個人情報を登録し、販売所（19カ所）でお金を支払うと、専用ページにチャージされる（有効期限は14日間）。決済は、スマホで決済画面を示

●図表 3-2　しまとく通貨

（出所）しま共通地域通貨発行委員会

すと、加盟店が電子スタンプを押すことで完了する。追加分はスマホ上の操作で購入できる（クレジット決済可）。新しい仕組みでの加盟店は約 550 店舗となった。

システムは、J&J ギフトとギフティが開発したシステム（「Welcome! STAMP」）を採用した。プレミアム商品券を電子化するシステムであり、地域通貨での初の活用となった。電子化により、印刷、配送、保管コストを 25%を削減できる。また、これまで加盟店が受け取った紙券を現金化するまで長期間かかったり、上限以上に不正に購入されたりするなどの問題もこれで防ぐことができる。また、これまではいつ誰が使ったか分からなかったが、電子化によって簡単にデータが得られるようになる。電子化により、しまとく通貨は再び全国的な注目を集めた。

しまとく通貨は、お金をかけ、旅行会社とのタイアップなどの工夫をすれば、相応に効果が得られることを示したが、資金負担面で継続が困難になった。事務局は、今後は電子化で得られたデータを活用し、観光のパターンを分析して PR に活用するなどの意向も持っている。しかし、電子化で効率化したとはいえ、期間限定で従来より大幅減額した発行額で、どれだけ加盟店がメリットを感じ、また旅行会社もタイアップに魅力を感じ続けるかはなお未知数である。

しまとく通貨の取り組みは、国（日本）にたとえれば、海外からの旅行者獲得のため、自国通貨を安くする（円安）の政策を採ったということになる。しかし、自国の通貨安を維持するためにはそれなりの施策が必要で、しまとく通貨の場合は、円と交換する場合に補助金（プレミアム）を支給するというものだった。離島内でそのコストを負担でき、旅行者が訪れることでそのコストを賄うに十分な消費を行ってくれれば、仕組みは持続的になる。根本的には補助金の額を減額しても、旅行者を引き付ける魅力的な島であり、また、魅力的な観光プランが用意されていることが必要になる。その上で、地域通貨を、観光客を引き付ける一助として、より効果的に使っていけるかが、今後、問われることになる。

■近鉄ハルカスコイン（近鉄）

企業主導の地域通貨導入であるが、将来的に地域活性化を狙っている例として、ハルカスコインがある。近鉄グループホールディングスが、近鉄百貨店（あべのハルカス近鉄本店）やテナント、展望台の200店舗で使用できるコインで、スマホで取得し決済する。まずは、2017年9月～10月に実験を行った。5,000円=1万コインの高い交換比率としているが、これは実験への参加者を募るためであろう（近鉄グループのポイントカード会員を対象に5,000人募集）。客はスマホ、店はタブレット端末にアプリを入れれば決済できるため、クレジットカードに比べ導入コストが安い。ブロックチェーン技術を活用する。

将来的には、自治体や他企業とも連携し、近鉄沿線の商店街などでも使える地域通貨を目指している。うまく行けば、近鉄のみならず、地域の消費も活性化させる可能性がある。

最新事例と効果②―消費活性化＋特定政策目的の達成

しまとく通貨と近鉄ハルカスコインは消費活性化を主眼としたものであるが、最近は　消費活性化とともに、特定の政策目的の達成を狙ったタイプの地域通貨が多数出現している。前述のつれてってカードは、商店街の共通カードから出発して、エコ活動などを支援するポイントも同時に管理されるようになり、事後的に特定の政策目的達成と結び付いたため、その走りといえるが、最近は当初から特定の政策目的達成と結び付ける例が多い。

■MORIO-J（岩手県盛岡市）

岩手県盛岡市では、2015年3月から商店街のポイントカードを共通化した「MORIO-J」が導入されている。肴町商店街の既存のポイントカード「JOYポイント」を発展させる形で導入された。盛岡商工会議所と盛岡市が出資した「盛岡 Value City」が運営している。元々検討していたことは、地域で共通駐車券サービスを導入することだったが、そこから清算対応の電子マネー、さらにはポイントカードの共通化構想へと発展し、MORIO-Jの取り組みに転じた。

100円の買い物で1ポイントが貯まり、行政によるポイント付与も相乗りし、健康づくりや露天市など地域のイベント参加でもポイントを得ることができる。運転免許を自主返納した65歳以上の高齢者に対して、ポイントを付与する仕組みもある（500ポイント）。ポイントは1ポイント＝1円で、加盟店で使用できる。現在約200店舗が参加している。将来的には、市役所や公共交通での支払いなどにも使えることを目指している。このほか、プレミアム付き商品券を、ポイントカードで発行する取り組みも行った。

MORIO-Jがユニークなのは、イオンの電子マネー「WAON」に相乗りしていることである。決済サービスは機能のすぐれたものが勝つ世界で、盛岡ではイオンのシェアが高く、市民にとって最も利便性の高い電子マネーがWAONであるという判断から、WAONに相乗りした。独自の電子マネーを搭載するよりは導入は容易で、すでにWAONを持っている人を加盟店に誘導する効果も期待できる。

ただし、イオンでの買い物にはMORIO-Jポイントは貯まらず、MORIO-JポイントはイオンではCに使用はできず、WAONで支払った場合に貯まるWAONポイントとは別に管理されている。加盟店でもWAON支払いはでき、この場合もWAONポイントは貯まる。つまり加盟店でWAON支払いすれば、MORIO-Jポイント（100円につき1ポイント）とWAONポイント（200円につき1ポイント）が貯まる。

イオンにとってもWAONの使用が増え、また、新たにWAONを持った人がイオンを訪れればメリットがある。なお、イオンはMORIO-J加盟店でWAON決済された金額の一部を地域活性化の取り組みに寄付することとしている。

ただし最近は、加盟店が伸び悩んでいるという問題がある。商店が付けるポイントは100円に1ポイント、200円に1ポイントのいずれかから選択できるが、一部店舗が200円に1ポイントにすると、追随する動きが見られた。ポイントが貯まりにくくなり、ポイントによる消費吸引効果がやや減殺されるなどの問題が起きている。商店街としてこの取り組みを持続させていくためには、足並みを揃えていくことが課題として認識されている。

■やなぽ（福岡県柳川市）

福岡県柳川市では、2015年度から市内全域の加盟店で使える共通ポイントカード**「やなぽ」**が導入された。大型の郊外店舗やディスカウントストアの進出が進む中、地域の商店街が賑わいを取り戻す手段として、3年間検討した結果、ポイントの共通化が図られることになった。100円の買い物で1ポイントが貯まり、400ポイントで500円の買い物ができる。現在、270店舗が参加している。

やなぽも、行政ポイントが相乗りしている（図表3-3）。イベントやまつり、各種講座、ボランティア活動、集団検診への参加などにポイントが付与される。さらには、市への転入に対しては「転入者ポイント」、出生時には「出生者ポイント」もある。このほか、空き家対策の一助として、住まえるバンク（空き家バンク）への登録者へのポイントもある。2017年度のポイント付与対象事業は28種類に達し、**やなぽの場合、行政ポイントが豊富なことが特徴**である。

このほか、70歳以上の高齢者に対しては、希望者のカードに高齢者シー

●図表 3-3　柳川市「やなぽ」の行政ポイント

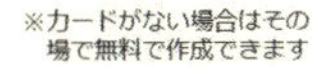

（出所）柳川市

ルが貼られ、カード所有者が来店すると 1 ポイント（1 日 1 回限定）が貯まるという仕組みもある。この情報が事務局に集められ、一定期間来店がない場合、安否確認を行うという、高齢者見守りの仕組みである。

このように、やなぽは単に地域の商店街の共通ポイントにとどまらず、行政が市民にして欲しい活動を行った場合にポイントを与えることで、活動のインセンティブを与え、地域づくりへの貢献を促す仕組みとなっている。

■ まいぷれポイント（兵庫県尼崎市）

尼崎市は、全国 23 の環境モデル都市の一つであり、JR 塚口駅前の再開発がスマートコミュニティ事業として行われている（「ZUTTOCITY」街区）。

尼崎市では、市民の省エネの取り組みを促進するため、2016 年度から、地域共通ポイントカード**「ZUTTO・ECO まいポ」（まいぷれポイント）**を導入した。100 円の買い物で 1 ポイント貯まり、1 ポイント＝ 1 円として加盟店で使うことができる。省エネを促すため、夏冬の電力需要がピークとなる時間帯（省エネタイム）に、加盟店で買い物した場合には 2 倍のポイントを付与することとした（お出かけ節電）（図表 3-4）。また、「ZUTTOCITY」街区の住民については、省エネタイムに、リビングに設置されているエアコンを停止した場合、ボーナスポイントが付与される（100 ポイント）。

省エネタイム（デマンドレスポンスを発令する条件）は、夏季 7 ～ 9 月は平日 13 ～ 16 時で予想最高気温 33 度以上、冬季 12 ～ 2 月は平日 18 ～ 21 時で予想最低気温 2 度以下とされた（夏冬とも 15 日程度の発令を想定）。

ポイントカードと連携した省エネ活動が行われるのは、全国で初めてのこ

●図表 3-4　尼崎市「まいぷれポイント」でのデマンドレスポンス

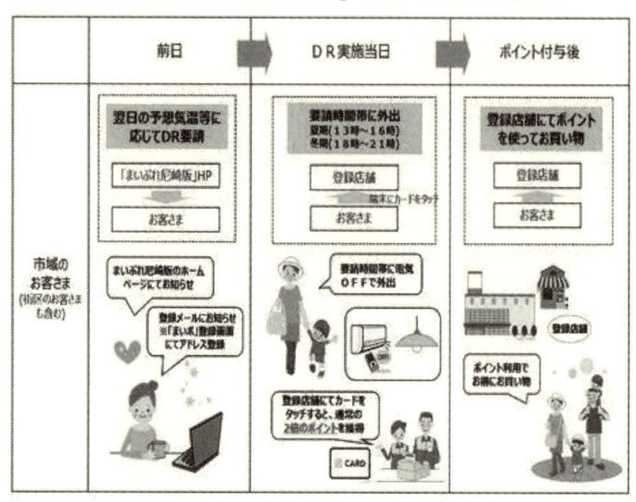

（出所）尼崎市

とであった。2016年度夏は猛暑の影響で28日のデマンドレスポンスの発令が行われ、お出かけ節電では、約25万ポイントの付与が行われた。エコ活動への参加に行政がポイントを与える例は多いが、家庭での省エネ実践にもポイントを与えられることを示した。加盟店は2016年9月時点で55店舗に達する。将来的にはボランティアや健康増進活動、駐輪対策につながるような取り組みも検討していくという。

■Kマネー（岐阜県可児市）

ここまで述べてきたのはポイント付与を通じて、消費や各種の活動を促進しようとするものであった。これに対し可児市の取り組みは、現金を地域通貨と交換させることを通じ地域での消費を促すとともに、売り上げの一部をボランティア活動（子育て世代の安心づくりや高齢者の元気作りに関するものなど）に寄付しようというものである。

消費者は現金をKマネー（紙幣方式）に変え、これを加盟店で使うことができるが、交換時にプレミアムは付かない（図表3-5）。店によってはサービスしたり粗品を渡したりする場合もあるが、それは一部にとどまる。店は、受領したKマネーの1%を寄付することによって社会貢献する（「社会貢献協力金」)。Kマネーの使用期限は1年でおつりは出ない。市内の協力店は約430店舗に達する。

一方、市はボランティア活動にポイントを付与し（「地域支え愛ポイント制度」)、そのポイントはKマネーに交換できる。ポイントの原資は、店からの寄付分から賄われる。つまりこの仕組みでは、消費者はKマネーを使うことで、地元消費を活性化させるとともに、資金面で地域のボランティア活動を支えることになる。このほか市は、市が住民に支払う補助金の一部や報奨金をKマネーで支払うことで、地元に購買力が向かうようにしている。

Kマネーの仕組みはポイントではなくマネーそのものであり、先に述べたトロントダラーの仕組みに類似している。1回限りの流通である点はトロントダラーとは異なるが、使ったお金の一部がボランティア活動の支援に回るという点でも類似している。

2014年度から3年間試行され、一定の成果があったということで、2017年度も続けられることになった（2017年度のKマネーの発行額は1億円を予定）。ポイント制度ではないKマネーの場合、現金と交換する際にプレミアムがあるわけではなく、地域に貢献するという目的を意識してもらわなければならないという点に、仕組み持続の難しさがあるように思われる。しか

●図表3-5　可児市「Kマネー」

（出所）可児市

し、単なるプレミア付き商品券の販売では、プレミア分の補助金が必要で、消費拡大効果も一過性のものにとどまる。Kマネーの意義が市民に理解され、今後も持続していくかがどうかが注目される。

■モリ券（岐阜県恵那市中野方町地区）

森林保全のため間伐を促すとともに、地域の消費を活性化させようとする仕組みが2009年に岐阜県恵那市中野方町地区で始まった**「モリ券」**の仕組みである。中野方町は約24㎢であるが、約1,900haの山に囲まれている。価格が安すぎて間伐されない、あるいは間伐されても山に捨てられ、山が荒廃する状態を打破するため、補助金を得て発行するモリ券で間伐材を相場より高値で買い取る仕組みである。間伐財を「木の駅」という集荷場に集めるため、「木の駅プロジェクト」と呼ばれる。農家が野菜を道の駅で販売するように、間伐材も気軽に売れればとの願いから、「木の駅」と名付けられた。

1トン当たり木材チップ価格3,000円に補助金3,000円が上乗せされ、6,000円分のモリ券と交換される。モリ券は、スーパーやガソリンスタンド、飲食店、理容店など地元の商店30店舗以上で使用することができる。これにより間伐の出荷が飛躍的に増えるとともに、地元の店の客が増え、活性化する効果が見られた。現在は、年間約500トン集まり、モリ券3,000枚が支給されている。

林業で生計を立てない山主でも、アルバイト感覚で間伐に取り組み、小遣い稼ぎができるということで、この取り組みはその後、全国各地に広がった。「軽トラとチェーンソーで晩酌を」という合言葉が、この取り組みが気軽にできるものであることを象徴している。補助金支給の仕方が、山主に山に入るインセンティブを与え、また、その資金が地元に還流することで潤う仕組みになっていたことで効果を発揮し、全国に広がった。

さらに、恵那市中野方町地区では、モリ券をIターン者やUターン者、誕生祝金としても支給する取り組みを行った。また2016年からは、地元のボランティア活動を支援するため、ボランティア活動にポイントを付与し、貯まったらモリ券に交換できるという仕組みを新たに設けた（「ふれあい・

●図表 3-6　恵那市「モリ券」とふれあい・ささえあいポイント

（出所）恵那市

ささえあいポイント事業」、図表3-6）。モリ券の機能をさらに高めるようとする取り組みである。

最新事例と効果③―助け合い

■萬（よろづ）（神奈川県相模原市緑区藤野地区）

先に述べた地域通貨の類型のうち、LETS型でお互いに助け合いをやりとりするタイプが、相模原市の藤野地区で使われている**「萬（よろづ）」**である。藤野地区は、都心から1時間ほどでアクセスもよく、里山で豊かな自然環境にも恵まれている。戦時中には、画家の藤田嗣治ら著名な芸術家が多く疎開していたことで知られる。地域活性化のため、1988年からアートによるまちおこしを開始し、移住者に空き家を斡旋するなどの活動を行ってきた。神奈川県立藤野芸術の家という陶芸や木工、ガラス工芸などの芸術体験ができる施設も設置されている。また、野外には大きな彫刻が30点ほど展示されており、芸術のまちの雰囲気を醸し出している。

今では全国から250人以上の芸術家が移り住んでおり、このほか良好な仕事の環境を求めるIT関連の人や、農家をやりたいという人も移住するようになっている。こうした移住者を中心とするコミュニティで使われている萬は、10年ほど前に移住した建築家の渡辺純一氏が2009年に立ち上げた。通帳型の地域通貨で、年会費1,000円を支払って会員になることで参加できる。自らできることを登録し、その一覧を見て、直接やりとりする。できることのリストには、送迎、保育、掃除、刃物研ぎ、整体、留守中のペットの世話、手作りパンの販売、不用品の販売などさまざまなものが登録されている。

依頼したい人は、リストを見て、値段も含め直接交渉で決める。そして手帳にやってもらった方はマイナスの金額、やってあげた方はプラスの金額を書き込み、互いにサインする。通帳の残高はゼロから出発し、何かをやってあげることで貯め、貯まったら何かして欲しいことで使うという流れになる。して欲しいことを誰ができるかをメーリングリストで呼び掛けることもある。例えば、スポーツ中継を大型テレビで見たいが、誰か見せてくれないかといった具合である。萬の仕組みでは、会員の通帳残高をすべて合計するとゼロになる。1萬=1円だが、換金はできない。一部商店では、代金として支払うこともできる。

地方では、近所で貸し借りの文化がいまだに残っているところもあるが、藤野地区ではそうした仕組みを、萬を通じて再興したと考えることができる。移住者は最初のうちは顔見知りがいないが、この仕組みに参加すれば、互いに必要なことをやりとりし、また、サインし合うことでコミュニケーションし、関係性を構築することができる。移住者が多いことが、つながり構築のツールとしての地域通貨の有用性を高め、使われるようになったと考えることができる。紙幣型やICカードではなく、通帳型でサインを必要とするという点は、コミュニケーションを促進するための大きな助けとなっている。今では地元の人も含め、400人以上がこの仕組みに参加している。

地域においてニーズがあれば、LETS型の地域通貨が有用性を発揮するという事例である。互いにやりとりすることで助かるということ以上に、コミュニティ形成のツールとなっている点が興味深い。また、そうしたツールとしては、ICカードやスマホなど先端技術ではなく、むしろ素朴な通帳型の方が望ましいというのも面白い。

■けーら(京都府福知山市毛原地区)

福知山市毛原地区は、美しい棚田で知られ、日本の棚田百選にも認定されている。都会からの農作業活動や家の修繕などのボランティア活動を受け入れているが、お礼として**地域通貨けーら（紙幣方式）**を発行し、地元産品などの購入や飲食に使える仕組みを設けた（2017年5月）。地元の「毛原の棚田ワンダービレッジプロジェクト」が運営している。

使用期限は当日のほか、半年のものもあり、半年のものは再訪問してもらえる機会づくりにもつながる。毛原地区はこれまで、棚田オーナー制度や、ピザ釜の製作など地域活性化の取り組みを行ってきた。けーらの原資は自治会の農産物加工所で作る食品の売り上げや、観光客へのピザ釜貸し出しなどで得た資金を充てている。都会からのボランティアとのつながり構築、繰り返しの交流を図るツールとして育てようとしている。

地域通貨の今後

これまで述べてきたように、現代の日本においては、さまざまなタイプの地域通貨により、地域活性化を図ろうとする動きが活発化している（図表3-7）。

商店街のポイントは、ボランティア活動や地域づくりや健康づくり、さらには省エネなど、地域に貢献するさまざまな活動に対して行政がポイントを付与する制度と結びつける動きが活発化している（つれてってカード、やなぽ、MORIO-J、まいぷれポイント）。それにより、ICカードはポイントという地域通貨を包括的に管理するコミュニティカードに発展しつつある。ポイントは地元の店に法定通貨を呼び込むツールになるとともに、地域貢献を評価するツールとしても発展しつつある。一方、ポイントという形ではなく、地域限定の紙幣として流通させることで、地元商店での消費活性化と地域貢献活動を促そうとする形もある（Kマネー、モリ券）。

社会貢献活動の原資は、仕組みによって異なるが、行政や商店が負担するようになっている。消費活性化と地域貢献活動も促進するという意味で、これら仕組みにはミネアポリス・コミュニティヒーローカードに似た要素が入っている。しかし、地域貢献の原資を行政が負担するという意味で、コミュ

●図表 3-7　地域通貨の事例

	名称	発行方法、原資	特典、メリット	メディア	使用範囲	段階
消費活性化	しまとく通貨（長崎県離島）	観光客（島外在住者）が購入（行政が補助）	5千円で6千円分購入	スマホ	観光、観光消費	一定の成果
	近鉄ハルカスコイン	近鉄カード会員が購入	5千円=1万コイン	スマホ	近鉄	実験
消費活性化＋特定政策目的の達成	つれてってカード（長野県駒ケ根市）	買い物客にポイント。エコ活動などに行政が付与	カード入金時、使用時にポイント	ICカード	商店街	一定の成果
	MORIO-J（岩手県盛岡市）	買い物客にポイント。イベント参加などに行政が付与	ポイント	WAON	商店街	一定の成果
	やなぼ（福岡県柳川市）	買い物客にポイント。ボランティア、イベント参加などに行政が付与	ポイント	ICカード	商店街	一定の成果
	まいぷれポイント（兵庫県尼崎市）	買い物客にポイント。省エネ実践者に割り増し（行政が補助）	割り増しポイントは2倍	ICカード	協力店	一定の成果
	Kマネー（岐阜県可児市）	消費者が購入。ボランティアに行政が付与。店は受領したKマネーの1%寄付（ボランティア向け原資）。補助金としても行政が付与	購入時のプレミアはなし。社会に役立つ満足感	紙券	協力店	一定の成果
	モリ券（岐阜県恵那市中野方町地区）	間伐材買い取りで地域が付与（行政が補助）。ボランティアにも付与	活動がモリ券として評価される	紙券	協力店	一定の成果
助け合い	萬（よろづ）（神奈川県相模原市藤野地区）	会員が財・サービスの提供で獲得	互いのコミュニケーション促進	紙の通帳	会員間取引	一定の成果
	けーら（京都市福知山市毛原地区）	都会からの、棚田保全の農作業ボランティアに対し、地域が付与	活動がけーらとして評価される	紙券	地元商品、飲食	試験運用

ニティヒーローカードよりは、持続性のある仕組みになっていると考えられる。

　また、モリ券を除けば、あくまで地元商店活性化を仕組みの基本とし、そこに地域貢献の要素を盛り込む形になっているので、そうした面でも持続しやすい仕組みになっている。ポイント制度の場合は、消費者にとってはメリットが実感しやすい。これに対し、ポイント制度ではないKマネーの場合は、現金と交換する際にプレミアムがあるわけではなく、地域に貢献するという目的を意識してもらわなければならないという点に、仕組み持続の難しさがあるように思われる。この点は、交換する際、10%の寄付を要求されるトロントダラーの持続が難しかったという点と共通する面がある。

　モリ券の場合は、商業的には回らない間伐作業に、行政負担で報酬（モリ券）を支払うことで、間伐のインセンティブを与え、それが地元の店で使われることで活性化に結び付いた。補助金支給の仕方が、地元に還流する仕組みになっている点に特徴がある。

しまとく通貨は、観光客向けのプレミア付き商品券であり、観光客や旅行会社を金銭的に支援すれば、かなりの程度呼び込めることを示した。しかし、持続が難しいことは、通常のプレミア付き商品券の効果が、一過性のものにとどまるという点で同じである。

近鉄ハルカスコインは、実験した段階であるが、今後、この使用を沿線商店街にまで広げることができれば、沿線活性化モデルとして興味深い取り組みになると思われる。同じ効果は、ポイントカードを共通化することでも得られるが、ハルカスコインは現金を代替するものであるという点で異なる。法定通貨をハルカスコインに交換する際のレートを有利なものとし、また仮に、取得したハルカスコインを域内で再び使える仮想通貨（ビットコインのように）にまで発展させることができれば、域内で何度も使われ、域内経済の活性化につながる。一方、ハルカスコインを再び法定通貨に交換する場合は、交換比率を不利なものにすれば、域内からの流出は防げることになる。

萬は、移住者を中心とするコミュニティの助け合い、コミュニケーションツールとして機能しており、相互扶助型の地域通貨が、通帳という素朴な形で使われている興味深い事例である。また、けーらは農作業のお礼として地域通貨を発行し、都会との交流を深めるツールとして使おうという取り組みである。

このように地域通貨は目的によってさまざまな形で導入されており、技術の発展によって、複雑な仕組みをより低コストで導入できるようになっている。一方、高度な仕組みを導入しなくても、その目的がはっきりしていれば、紙幣や通常方式で十分な効果を発揮する場合もある。コミュニケーション手段の一助とする場合は、むしろ素朴な形の方が望ましい場合もある。

最近においては、地域通貨の仕組みを地域における汎用ポイントという形で、マイナンバーカードを活用することで構築する動きもある。しかし、大和市が失敗したように、具体的なニーズから出発せず、トップダウンで導入しようとすると、ほとんど使われない結果に終わってしまう。ここで紹介した事例のように、身近な商店街のカードなどから出発し、徐々に扱うポイントの範囲を広げていく漸進的アプローチが、地に足の着いた活動として長続きする可能性が高い。また、目的がはっきりしているモリ券が広がったように、あるいは素朴な形の萬が使われているように、むしろ、単純な形の方が受け入れられやすい場合もある。したがって、マイナンバーカードの使用拡大を目的とするような、**目的を取り違えた逆立ちした地域通貨の導入を行うと、失敗に終わる可能性が高い。あくまでも、ニーズから出発しなければならない**ということである。

今後も、お金を域内で囲い込んで循環させるとともに、地域貢献活動を促進するタイプの地域通貨は、さまざまなものが登場してくることが予想される。その原点の一つは、トロントダラーやコミュニティヒーローカードにあるが、現代の日本では、それに類する仕組みが、より定着しやすい形で導入されつつある。その仕組みの優劣は、今後の地域活性化の成否を左右する重要な要素の一つになると考えられる。

3 投資活性化の方策

これまでの地域通貨の活用を通じた地域内のマネーの循環促進について論じてきたが、次に、地域活性化に資するマネーを内外からいかにして調達あるいは呼び込むかという点について検討する。これに関する先駆的な動きとしては、2000年代初めから、自治体がミニ市場公募債などの形で資金調達する手法が登場した。

先駆的取り組み

■ ミニ公募債の発行

自治体が民間から資金を調達するために発行する地方債は、指定金融機関などが購入する縁故債と、購入対象者を特定しない公募債とに分かれる。公募債は不特定多数が対象者ではあるが、主として生保など大口の機関投資家が億単位で購入する。しかし、**2000年代初めから、自治体が資金調達手段を多様化させ、個人の資金を自治体内に積極的に取り込むという観点から、地方債を個人向けに発行するという発想が注目されるようになった。**

そこで現われたのが、購入対象を発行自治体の住民と自治体内などに勤務する個人に限定し、最低購入単位を小口化し購入限度額が設定されている**住民参加型ミニ公募地方債（以下、ミニ公募債）**である。2002年3月に群馬県が第1号のミニ公募債である**「愛県債」**を発行すると、その後、他の自治体も相次いで発行するようになった。青森県の**「青い森県民債」**、東京都の**「東京再生債」**、大阪市の**「みおつくし債」**、太田市の**「おおた市民債」**などがその先駆けである。それまでもミニ公募債の発行について、法律的制約があったわけではないが、総務省が2002年に発行を積極的に呼び掛けたこともあって、自治体の関心が高まった。

当時のミニ公募債の発行条件をみると、発行規模10億～50億円、最低購入単位1万～10万円、購入限度額100万～500万、満期3～7年のものが多い。利回りは国債を参考にし、国債と同じか、やや高めに設定されている。また、使途は県立病院の医療機器購入（群馬県）、行政センター、養護老人ホーム（太田市）など特定されていた。東京再生債の例では、購入者の中から抽選で、主な事業の見学会に招待するということも行った。

ミニ公募債は、地域内の住民の資金を自治体に囲い込むことができるだけでなく、住民が自治体の特定事業に出資することによって、自治体事業への関心や住民参加意識を高めるというメリットがある。ミニ公募債の利回りは決して高くはないが、地域の有益な事業に出資し、行政サービスの拡充に間接的に貢献できるという魅力から、購入を希望する者が多かった。

ミニ公募債の発行は、発行する自治体の側からすれば、財政難に直面する中、新手の資金集めの手段として始めたという意味合いが強いが、**市民がそうした資金で行う事業に社会的な意義を認めて拠出するという意味では、現在のクラウドファンディングと共通の要素を持っていた。**

こうした意義を持つミニ公募債であったが、日銀のマイナス金利政策導入により、市場金利が低下し、商品としての維持が困難になった。例えば、2003～2015年度まで年1回のペースで「ちば市民債」を発行してきた千葉市は、2016年度は発行休止に追い込まれるに至った。2016年度の全目のミニ公募債発行額は372億円と、前年度から75%も減少した。

■市民からの無利子長期借り入れ

2000年代初めには、ミニ公募債の発行ではなく、住民から無利子の借入れを行うことによって、公共施設の建設に充てる自治体も現れた。

北海道留辺蘂町（現北見市）では、知的障害者更正施設の建設に当たって、町が出す補助金が、財源難によって十分捻出できなくなった。当初は、足りない分をゼロ金利のミニ公募債の発行によって資金調達しようとしたが、ゼロ金利での発行について、総務省からクレームが付いたため断念し、代わりに、施設を運営する社会福祉法人が町民から10年間無利子で借り入れることで解決を図った（2003年）。

町内外34人のほか団体からも融資したいという申し込みがあり、7,500

万円を調達することができた。小さな町であっても、銀行に預けても利子はほとんどつかないため、それよりは町の役立つ事業に資金を提供したいとする人が予想以上に現れた。

■寄付金による自治体の事業への投票

一方、2000年代初めには、自治体が政策メニューを提示し、その財源としての寄付金を募ることで、市民参加型の行政を実現しようとする自治体も現れた。長野県泰阜(やすおか)村が2004年6月に可決した「ふるさと思いやり基金条例」がそれである。泰阜村では、政策メニューとして「学校美術館修復事業」(寄付金目標額1,000万円)、「在宅福祉サービス維持向上事業」(同500万円)、「自然エネルギー活用、普及事業」(同1,000万円)の三つを掲げ、一口5,000円で、地元のみならず全国から寄付金を募った。

この制度は、財源不足を市民からの寄付で補うものであり、具体的な政策メニューについて、全国から寄付を募るという点に新しさがあった。泰阜村をふるさとと思って応援したいという都市部からの寄付も集まり、寄付が集まった事業から順次実現が図られた。村は、寄付してくれた人については友好村民に認定し、交流を行った。

このように、寄付金を募るという形で行う政策メニューへの投票制度は、単に財源不足を解消するにとどまらず、寄付してくれた人との交流など副次的な効果も発揮した。同様の条例を制定しようとする動きは全国に広がり、例えば、北海道ニセコ町では2004年9月に「ふるさとづくり寄付条例」を制定した。そして、この**泰阜村の取り組みをモデルとして、2008年度にふるさと納税の仕組みが設けられることになった。**

■マイナス金利で資金が世の中に役立つ投資に

このように2000年代初めに登場した、自治体による新たな資金調達の仕組みが、後のクラウドファンディングやふるさと納税の仕組みにつながっていった。2000年代初めに自治体の新たな資金調達の手法が登場したのは、地域通貨がブームになったのと同時期である。不況が長期化し自治体が財政難にあえぐ中、新たな手法が考え出されたという面がある。
一方、資金の出し手側から見れば、金利が低下する中、どこに預けてもたいした利子が付かない状況になり、ならばいっそ、地域や社会に貢献できるようにお金を使いたいという欲求が高まっていったという背景がある。

新たなファンディング手法

■FAAVOさばえ（福井県鯖江市）

近年は、市民から広く資金を調達する手段としてクラウドファンディングが広く使われるようになっているが、自治体としていち早く取り入れたのが福井県鯖江市である。
鯖江市は2014年12月に、クラウドファンディングの専門サイトである**「FAAVO」**（2018年3月より（株）CAMPFIREが運営）を使うことにより、自治体としては初めてクラウドファンディングの運営者となった。FAAVOは、特定地域に特化したクラウドファンディングサービスを、そのエリアの事業者や金融機関、自治体などにエリアオーナーになってもらうことで、共同運営している。この仕組みを使い鯖江市は、「FAAVOさばえ」を立ち上げた（図表3-8）。地元の福井銀行グループの福井ネット株式会社の協力も得

●図表3-8 鯖江市「FAAVOさばえ」の仕組み

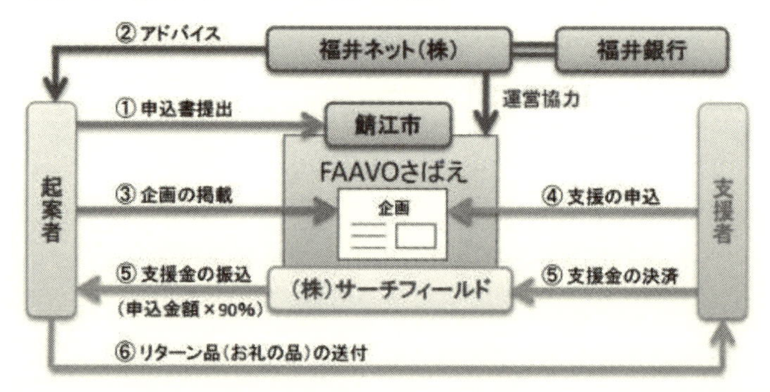

（出所）鯖江市

ている。

クラウドファンディングには、資金提供者がリターンを求めない寄付型、支援に応じ返礼品が得られる購入型、さらに金銭的リターンが得られる投資型がある。自治体への支援は、寄付型では寄付金控除の対象になるが、購入型では寄付金控除の対象にはならない。FAAVOは購入型に属する。

その仕組みは次のようになっている。まず、FAAVOさばえに、鯖江市や市の関連団体のほか、鯖江市の個人、団体、企業などが資金調達したい事業と目標金額を提示する。募集期間内に目標金額に達しなかった場合は、資金は提供者に返されるが、達成した場合、支援金の90%が起案者に振り込まれる。5%は手数料としてサーチフィールドに、また、5%が福井ネットに業務委託手数料として入る。このほか、市はFAAVOの使用料として月額15万円をサーチフィールドに支払っている。支援者に対しては、お礼の品が送られる。

この仕組みで「鯖江市のシンボルの危機！郷愁誘うあのめがね看板を救う！」、「日本一小さい西山動物園！みんなに愛される動物園を守っていきたい！！」などの事業について資金調達したところ、当初の予想以上の反響があり、**2016年度までに募集した25事業は、すべて目標を達成した。**クラウドファンディングの仕組みでは、購入型は返礼品のみの見返りで、経済的リターンは得られないため、いかに共感できる事業を提示し、応援したいと思ってもらえるかが重要になる。鯖江市が成功したのは、潜在的に自分の資金を地域や社会のために使ってもらいたいという人が多くいたところ、そうした**人々の心にうまく訴えかけることができたからだと思われる。**

次いで鯖江市は2016年度には、ふるさと納税の仕組みを活用したクラウドファンディングの仕組みである**「F×G（エフバイジー）さばえ」**を立ち上げた。これも同じくサーチフィールドが運営する仕組みを、鯖江市が活用したものである。

ふるさと納税の仕組みは、先に述べた長野県泰阜村の仕組みをヒントに、2008年度に設けられた。ここで簡単に説明しておくと、ふるさと納税では、自治体への寄付額から2,000円を差し引いた額を、所得に応じた限度内で、所得税と個人住民税から控除できるというものである。その結果、寄付額から2,000円を差し引いた額が減税される。仮に、1万円寄付して5,000円分の返礼品を受け取ったとすれば、2,000円で5,000円の買い物をしたのと同じ効果が得られる。

このお得感からふるさと納税は大変な人気を呼び、各自治体は豪華な返礼品競争で寄付獲得競争に走り、本来の寄付の在り方からはずれる形になったとして問題視された。1万円以上の寄付で寄付額4割相当の特産品を送るのが平均的だったが、返礼品競争を抑えるため、2017年4月に総務省は、返礼品額を寄付額の3割以下にするよう通知した。

F×Gの仕組みでは、こうした返礼品競争とは一線を画し、ふるさと納税の仕組みで、自治体が提示する事業への寄付を募るというものである。寄付者へは一定の返礼品は送られるが、他へのふるさと納税を選ばず、あえて「F×Gさばえ」でふるさと納税をするということは、その事業に共感して寄付するということが基本となる。

第一弾事業として、鯖江市東口から国道8号へと続く歩道整備事業を掲げた。この区間に111個の隠れメガネを散りばめることで、歩くだけでメガネを感じられるメガネストリートをつくるという、鯖江市ならではの事業である。目標の1,500万円には達しなかったが、市内外から316万円を集めた。2017年度は、市の各部が最低一つ、合計七つの事業を掲げ、ふるさと納税を募っている。

■ひがしかわ株主制度（北海道東川町）

鯖江市は最近始めたばかりであるが、ふるさと納税を活用して特定事業への寄付を早くから募っている自治体に、北海道東川町がある。具体的な事業を提示して、町を応援したいと思ってもらう人から寄付を募り、また寄付してくれた人々との交流を重視している。東川町では寄付してくれる人を「株主」と位置付け、この仕組みを**「ひがしかわ株主制度」**と呼んでいる（2008年7月創設）（図表3-9）。

現在、10事業が提示されている。第一は**写真の町プロジェクト**で、写真

●図表 3-9　東川市「ひがしかわ株主制度」

（出所）東川市

の町整備事業（2 億円、募集期間 10 年〔2018 年 12 月まで〕）、写真甲子園映画制作支援事業（1 億 2,000 万円、募集期間 11 年〔2018 年 12 月まで〕）、などが提示されている。東川町は高校生の写真コンテストである写真甲子園を1994年から開催しており、これを応援する事業である。第二は**こどもプロジェクト**で、オリンピック選手育成事業（500 万円、目標達成）、第三は **ECO プロジェクト**で、水と環境を守る森づくり事業（50 万円、目標達成）が提示されている。第四は**イイコトプロジェクト**で、自然散策路整備事業（50 万円、目標達成）、ひがしかわワイン事業（50 万円、毎年の投資額に応じ実施）などが提示されている。長期的に募集しているものがあるほか、すでに目標を達成したものもある。

寄付して株主になると「ひがしかわ株主証」が交付され、町外に住む人は「東川町特別町民」となる。一定の返礼品も送られる。また、1 万円（10 株）以上の寄付で町指定の施設「ふるさと交流センター」に年間 6 泊まで無料で宿泊できる特典がある。このほか、年 1 回、町内で株主総会を開き、航空機代として 2 万円までを助成する。

保田〔2014〕によれば、東川町のふるさと納税者は、本州から写真甲子園やクロスカントリー、道の駅訪問など何らかの理由で東川町を訪問したついでに行っている人が多いという。この仕組みにより、何らかのきっかけで東川町に興味を持ってくれた人に、寄付をしてもらうことでその後の交流が続くという好循環が生まれている。**ふるさと納税で返礼品競争に陥るのではなく、早くから事業への寄付を促すことで、町の応援者と交流人口を増やすという東川町の戦略は、先見性ある取り組みだったと評価できる。**

新たなファンディング手法の今後

マイナス金利の下で、資金を社会的に意義のあるものに拠出するという世界は、着実に活発化しつつある。

クラウドファンディングの場合は、資金拠出者にとって、それが共感できるプロジェクトであるかが重要なポイントである。そうであれば、たとえ経済的リターンが得られなくても、喜んで資金を拠出するという心理になる。クラウドファンディングを媒介するサイトが登場したこともあり、市民の共感を呼ぼうとするプロジェクトは、全国で続々立ち上げられつつある。

一方、ふるさと納税の仕組みを利用したクラウドファンディングは、資金拠出者にとって税制上のメリットが大きく、純粋に共感に基づいて投資するわけではない。しかし、地元産品が返礼品として得られる通常タイプのふ

●図表 3-10　市民からのファイナンスの事例

	取り組み内容	自治体	効果、メリット
先駆的取り組み	ミニ市場公募債	群馬県ほか	発行により、市民から資金調達
	市民からの無利子長期借り入れ	北海道留辺蘂町（現北見市）	ゼロ金利のミニ市場公募債発行ができなかったため、代わりに無利子で借り入れ
	寄付金による自治体の事業への投票	長野県泰阜村ほか	事業を提示し、市民が共感したものに寄付
最近の取り組み	クラウドファンディング	福井県鯖江市ほか	事業を提示し、市民が共感したものに資金拠出
	ふるさと納税を活用したクラウドファンディング	福井県鯖江市 北海道東川町ほか	事業を提示し、市民が共感したものに寄付。ふるさと納税の税制上のメリットも享

るさと納税に比べれば明らかに見返りは少ない。ふるさと納税をしようとする人々に対して、見返りが少なくても助けたいという気持ちにさせる必要があるという点では、通常のクラウドファンディングと同じである。

このように現在の日本では、市民が社会的に意義あるプロジェクトに資金拠出できる環境がより整備されつつある（図表3-10）。こうした環境を利用し、あるいはより環境を整えることで、地域が資金を内外からより一層調達できるようになれば、地域の活性化につながる。クラウドファンディングについては、特徴あるプロジェクトを打ち出して、人々の共感を得る競争という様相も呈している。

4 今後の課題

本章においては、地域活性化を図るため、マネーの呼び込みと循環をいかに進めるかという点について考えてきた。地域通貨の取り組みは、歴史的に見て不況が長期化した場合に現れる傾向がある。日本では地域通貨は、1990年代後半から2000年代初めにかけてブームになったものも、長続きしなかった。しかし**近年は、目的に応じた多様な仕組みが現れており、その一部は成功している。**

お金の呼び込みについては、マイナス金利という環境が、たとえ経済的リターンはなくとも社会的に意義のあるプロジェクトに資金を拠出したいという欲求を高めており、それが近年のクラウドファンディングの活発化を支えている。**人々の共感を呼び起こすことで、資金を集めることが可能なことは、成功事例が証明している。**

このように、特徴ある仕組みでお金を呼び込み、循環させることができれば、地域活性化に役に立つ。地域通貨を構築しようとする動き、また、共感を呼ぶプロジェクトを構築しようとする動きは、今後さらに活発化していくと考えられる。試行錯誤の過程で、新たな取り組みが生まれる可能性もあり、今後の発展を注視していく必要がある。

第4章

人を呼び込む

— 地域外からの魅力の発見 —

第４章の要約

人口減少で悩む自治体による、移住者呼び込み競争が激しくなっている。近年は、広く移住を呼びかける一方で、自治体にとって来てもらいたい人材のターゲットを絞り、重点的に支援するという呼び込み策が現れている。いわば、自治体による移住者の選抜である。

このタイプの代表的な施策としては、手に職を持ち起業し得る人材に重点支援する方法（大分県竹田市）、地域活性化に資する事業プランを持つ人材を募集する方法（島根県江津（ごうつ）市）、地域で不足する職種に就く人材を募集する方法（島根県浜田市）がある。ターゲットになる人に深く訴え、挑戦してみようという気を起こさせる効果を持つ。

こうした移住者選抜という要素も取り入れつつ、NPO が主体となった取り組みや、官民一体となった取り組みによって、地域活性化に成功した事例としては、徳島県神山町と島根県海士町がある。これら地域は、地域外の住民がその地域の魅力を発見して積極的に移住しており、移住者が移住者を呼ぶという好循環に至った。

以上の事例は、地域資源に何があるかを見つめ直すとともに、地域外の発想や人材を柔軟に取り入れることで、新たな価値を生み出す仕組みを創出していくことが、地域生き残りの重要な要素になることを示している。

第４章　事例のポイント

大分県竹田市

・伝統工芸職人の移住に重点支援
・インキュベーション施設で育成
・地域おこし協力隊の積極的受け入れ

島根県江津市

・早くから空き家バンクに取り組み
・ビジネス支援コンテストで起業家募集
・インキュベーション施設が触媒に

島根県浜田市

・シングルペアレントを募集し、就労支援
・人口減少と介護職不足に同時対応
・長期的な定着が課題

徳島県神山町

・アーティスト滞在支援で魅力的なまちの雰囲気醸成
・NPOによる移住者の逆指名
・高速通信環境をIT企業が注目

島根県海士町

・Ｉターン者が地域資源を発見し起業
・最先端設備導入で行政が支援
・島留学で高校を活性化

ありがとう
ございました
役所さん
農業学校の視察は
大変ためになりました
いえいえ
ブロロロ…
あら…
六本木さん！
こんな山奥に
都会的で
クリエイティブな
感じの
人が…？
やぁ
役所さん――
六本木さんは
ここの古民家で
働いているん
ですよ
え――っ
ここで!?
ボクはＩＴ系
ベンチャー企業の
スタッフなんだ

えーーーっ！
こんな山奥
なのに…？
最近の地方への
移住者の呼び込みでは
手に職があるなどの
ターゲットを絞って
優秀者には
起業資金をまちから
賞金として送られる
って聞いたわ
地域活性化事業の
提案を
コンテスト形式で
募って
そっか！
あと地域で不足する職種の
人材を募集したり
とか——
なるほど！
つまり六本木さんは
IT企業のサテライトオフィスで
働いていらっしゃるんですね
そうです
そうか
このまちはネット
環境が整ってて
光ファイバー網が
整備されてます
もんねー
ふふふ
2人ともよく勉強して
ますね〜〜〜
ヨネヤマさん〜〜〜!?

1 いかにして人を呼び込むか

第3章では地域にいかにマネーを呼び込み、また、マネーを回していくかについて論じた。本章では、**地域活性化に資する人材をいかにして地域内に呼び込むか、あるいは地域外の人材から地域の魅力をいかにして発見して来てもらうかに**ついて検討する。要は人口減少や人材不足で悩む地域が、Uターン、Iターンを含め、移住者をいかに呼び込むかという問題である。

移住者呼び込みのため、手厚い経済的支援を行っている自治体は少なくない。こうした施策の多くは地域への移住者を広く求めるものであるが、ターゲットが広くなると訴える力が弱くなるという難点がある。これに対し、**自治体にとって来てもらいたい人材のターゲットを絞り、重点的に支援することで呼び込む**形がある。会社が中途の人材募集を行う際、必要な人材のスペックを明確に示すのと同様の考え方である。

このタイプの人材の呼び込み策として、第一に、現に**手に職を持つ人などターゲットを絞り、地域産業の振興に資する人材を優遇して迎える**というものがある。第二に、**地域活性化に資する具体的な事業の提案を募集し、そのビジネスプランコンテストという形で優秀者に活動資金を与え、実際に起業してもらう**というものがある。第三に、**地域で不足する職種、例えば介護職に就いてもらう条件で、シングルマザーなど特定の人に来てもらう**というものである。

いずれもターゲットは絞られるが、ターゲットになる人に深く訴え、挑戦してみようという気を起こさせる点で共通している。自治体にとっては、第一のタイプは手に職を持っているため、職の心配をする必要がなく、第二のタイプはその提案を実現するための支援を行えばよい。第三のタイプは、働く場はすでに決まっている。いずれも職がないことによって、移住する人がいないとの心配をする必要がない。

第一のタイプの代表としては、**大分県竹田市で行われている伝統工芸職人の呼び込み**がある。第二のタイプの代表としては、**島根県江津市で行われて**

いるビジネスプランコンテストがある。第三のタイプの代表としては、**島根県浜田市のシングルペアレントの呼び込み**がある。

こうした自治体による人材募集、移住者選抜という要素も早くに取り入れ、NPOが主体となった取り組みや官民一体となった取り組みで、地域活性化に成功して全国的に有名になった事例としては、**徳島県神山町と島根県海士町**がある。これらの地域は、自治体による選抜という要素のみならず、地域外の住民がその地域の魅力を発見し積極的に移住しているという面も持っており、双方がうまくかみ合うことで、**移住者が移住者を呼ぶという好循環**に至った。

本章では、これらの事例を分析し、人を呼び込むために必要な要素はどのようなものかについて考察する。

本章では以下、2では、移住促進策として最も講じられている空き家バンクの現状と課題について整理する。3では、行政による移住者選抜の仕組みとして、大分県竹田市、島根県江津市、島根県浜田市の仕組みを検討する。4では、移住者呼び込みで全国的に有名になった、徳島県神山町と島根県海士町の成功要因について分析する。5では移住者呼び込みの戦略のポイントをまとめ、6では今後の課題について述べる。

2 自治体の移住促進策

空き家バンクの成功要因

空き家の利活用支援は、人口減少で悩む地方の自治体などを中心に、早くから空き家バンクの設置を中心に進められてきた。**空き家バンクとは、自治体が空き家の登録を募り、ウェブ上で物件情報を公開するなどして、購入者や賃借人を探す仕組み**である。

2014年時点の全市町村のホームページを対象に行った調査によれば、移住促進策に取り組んでいる自治体は半数であり、具体的な取り組みとしては、「所有者が貸与や売却を承諾した空き家のリストをホームページに掲載し、借用や購入を希望する移住希望者に紹介する空き家バンク」の設置が最も多かった（図表4-1）。

一方、全国の自治体に対する調査では、空き家バンクに「取り組み済み」

●図表4-1　移住促進の取り組みを公式ホームページに掲載している市町村

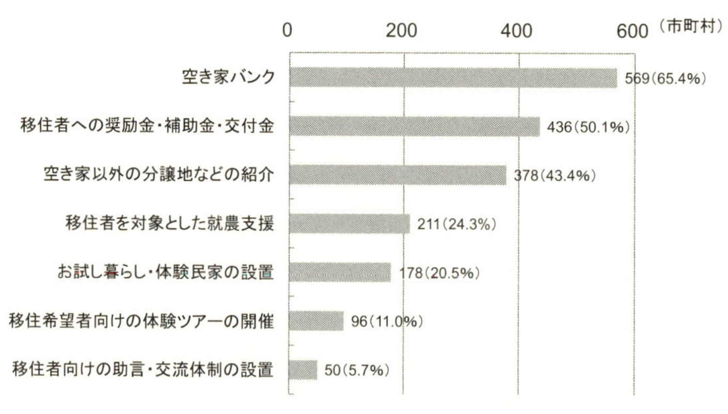

（出所）牧山（2015a）
（注）1. 2014年時点
2. 括弧内の数値は、移住促進の取り組みを行っている市町村（870）に対する割合

が38.9%、「準備中・今後取り組み」が19.1%であった（図表4-2)。また、自治体が講じた空き家対策のうち、一番取り組んでいる割合の高い施策は、空き家バンクとなっている（図表4-3)。ここ数年、都市部、地方を問わず危

●図表4-2　空き家バンクの取り組み状況

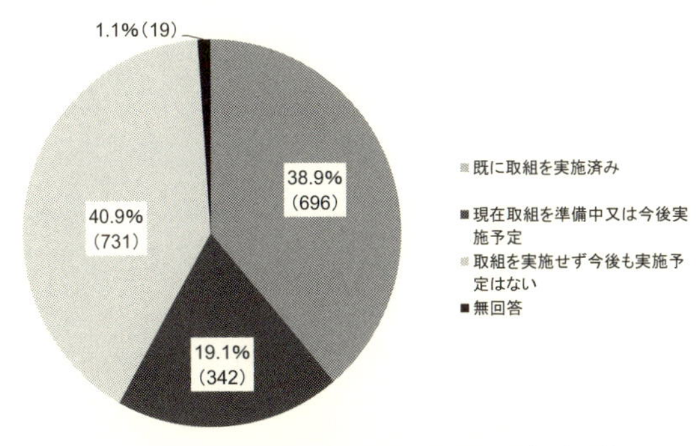

（出所）国土交通省・総務省「地方公共団体における空家等対策に関する取組状況調査」2015年
（注）N=1,788

●図表4-3　空き家対策の取り組み状況

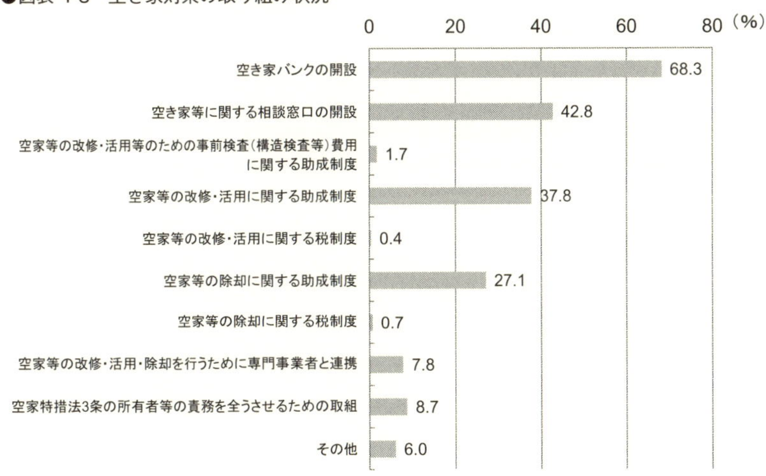

（出所）国土交通省・総務省「空家等対策の推進に関する特別措置法の施行状況」
（注）2015年10月1日時点。複数回答。N=950

険な空き家が増える中、自治体は、その取り壊しなどに追われたが、それ以前から地方の自治体では、人を呼び込む施策として空き家バンクを設置してきた経緯がある。

しかし、空き家バンクへの物件登録、成約実績は、自治体によって差が大きい。2014年時点で、開設以来の累計成約件数が0～10件にとどまるものが49%に達する（図表4-4）。およそ半数の自治体は空き家バンクを設置したものの、開店休業状態のものが多いことを示している。

そうした中で、**実績が出ている空き家バンクは、所有者による自発的な登録を待つだけではなく、不動産業者やNPO、地域の協力員などと連携して、積極的に物件情報を収集している**ものである。空き家バンクについて、その取り組み状況と成約件数の関係を分析した結果によれば、「広報誌やホームページ等で登録物件を募集する」という取り組みについては、累計成約件数が50件以上の成功している空き家バンクでも、累計成約件数が1件以下の成功していない空き家バンクでも、取り組み状況には差がなかった（図表4-5）。こうした取り組みは、いずれの空き家バンクも8割以上が取り組んで

●図表4-4　空き家バンクの成約件数（開設以来の累計）

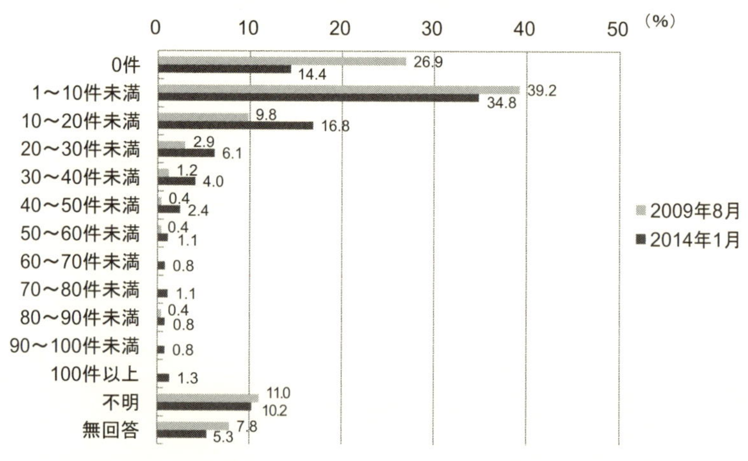

（出所）地域活性化センター「『空き家バンク』を活用した移住・交流促進調査研究報告書」2010年3月
移住・交流推進機構「『空き家バンク』を活用した移住・交流促進事業　自治体調査報告書」2014年3月

●図表 4-5　空き家バンクの物件収集方法と成約件数

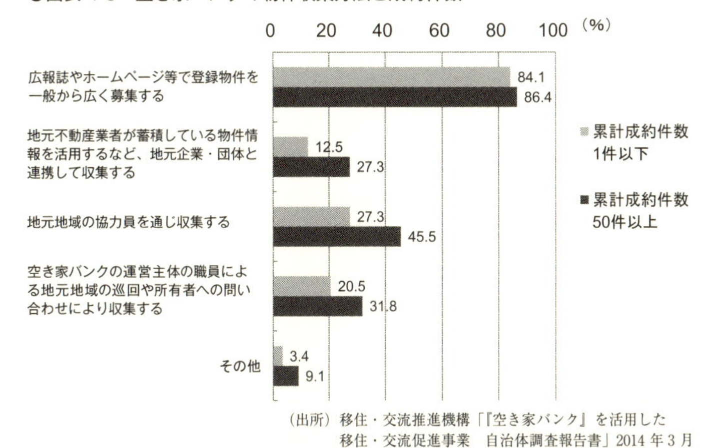

（出所）移住・交流推進機構「『空き家バンク』を活用した移住・交流促進事業　自治体調査報告書」2014 年 3 月

おり、物件の成約状況には差は出ていなかった。

一方、**「地元の不動産業者が蓄積している物件情報の活用や地域の企業・団体との連携」、「地域の協力員との連携」、「地域の巡回や所有者への問い合わせ」などの取り組みについては、累計成約件数が 50 件以上の空き家バンクの取り組み割合が高かった。**空き家バンクが成功するためには、物件情報の収集について、こうした積極的な取り組みが必要になることが分かる。

さらに、空き家バンクを見て問い合わせがあった場合、物件案内はもちろんのこと、生活面や仕事面などさまざまな相談にも応じたり、先に移住した人と引き合わせたりするなど、きめ細かな対応が必要になる。こうした対応は、自治体職員だけでは対応しきれないため、NPO や地元の協力員、先に移住した人などとの連携が必要になる。

一方、移住後の受け入れ体制については、累計成約件数が 50 件以上といった成功している空き家バンクでは、推進協議会の設置、交流プログラムの作成、住民サポーターの設置などの取り組み度合いが高くなっていた（図表 4-6)。こうした手のかかる取り組みを地域が一体となって取り組んでいる空き家バンクが成功していることを示している。

空き家バンクの成約件数が最も多い自治体は長野県佐久市であるが（2008

●図表 4-6　空き家バンクの受け入れ体制と成約件数

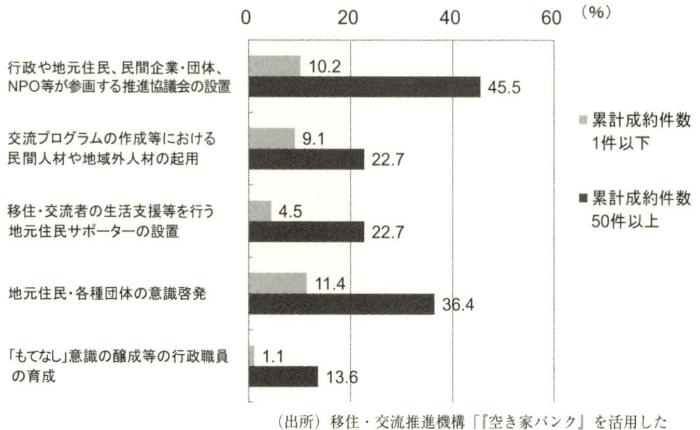

（出所）移住・交流推進機構「『空き家バンク』を活用した移住・交流促進事業　自治体調査報告書」2014 年 3 月

年度にスタートし、これまでの成約件数は 400 件超）、地元に相談員（先に移住した人を含む）を置くほか、東京にも推進員を置いて、移住者受け入れに取り組んでいる。

こうした体制づくりのほか、移住者を引き付けることのできる、地域の魅力を発信できているかどうかも重要になる。佐久市の場合、訪問診療への先進的な取り組みなどで知られる佐久総合病院を中心に、医療が充実している点は、シニア層を引き付ける要因になっている。

空き家の売却・賃貸化のネック

一方、空き家を売却・賃貸化する場合に、空き家の所有者にとっては、何が問題となるだろうか。親の世代が亡くなって空き家となったケースがその典型であるが、しばしば指摘されるのは、帰省した時の滞在・宿泊先や、従前から置いてあった仏壇や家財道具の置き場所として引き続き利用している所有者が多いという点である。仏壇や家財道具の処分には、手間がかかる上、心理的にもなかなか踏み切れない場合が多く、そのため空き家として放置される期間が長くなりがちである。

また、賃貸に踏み切らない理由としては、いったん賃貸すると、返還を求めることが困難になると考えている所有者も多い。確かに普通借家契約の場合はそうした恐れがあるが（いったん結んだ賃貸契約は更新が原則で、正当事由がない限り、オーナー側から退去を申し入れることはできない）、**現在は期限を区切って貸す定期借家の制度（原則、更新しないが、双方の希望があれば再契約可能。2000年に導入）もある。こうした制度があまり知られていない**ことにも問題がある。

過疎地で空き家の増加に悩む島根県江津市において、空き家所有者に空き家を貸し出すための条件を聞いたところ（総務省自治行政局・島根県江津市〔2007〕）、①空き家の修繕費用を入居者が負担、②賃貸期間を5～10年に限定する場合、③仏壇や位牌の安置場所が確保された場合を挙げる所有者が多かった。

①は、自治体が改修費などの補助を行うほか、DIY型賃貸の契約形態を活用することでクリアできる。DIY型賃貸とは、借主が費用を負担して修繕や模様替えを行い、退去時も原状回復が不要とする契約形態であるが、国土交通省が契約のガイドラインを策定している（「個人住宅の賃貸流通の促進に関するガイドライン」2014年3月）。

②については、定期借家制度を活用することでクリアできる。③は自治体で対応することは困難であり、所有者自身によって解決してもらうしかないが、所有者にも金銭的補助を与えることによって、売却・賃貸化に向けて仏壇などを片付けるインセンティブをより高めるという方法も考えられる（後述の竹田市の事例参照）。

次節以下では、空き家の活用を含む、移住者呼び込みの先進事例を見ていく。

3 自治体による移住者選抜

まず、移住者呼び込みの戦略として、ターゲットを絞り込む大分県竹田市、島根県江津市、島根県浜田市の事例を紹介する。

大分県竹田市―伝統工芸職人の呼び込み

■全国一の後期高齢化率と「農村回帰宣言」

大分県竹田市は大分県南西部に位置し、熊本県、宮崎県に隣接する。中山間地で1日数万トンともいわれる湧水群（名水百選）が点在し、長湯温泉をはじめ市内各地に温泉を有する。かつては城下町として栄え、岡城跡は滝廉太郎「荒城の月」のモチーフになったことでも知られる。しかし**2010年に、75歳以上の割合（後期高齢化率）が全国1位（25.2%）になるなど、高齢化と人口減少が著しく進展している。**

竹田市の2015年時点の人口は2万2,332人（2010年対比-8.6%）で、高齢化率は44.5%に達する（「国勢調査」）。2040年の人口は約1万3,500人（2015年対比-39.4%）、高齢化率は50.2%と推計されている（「国立社会保障・人口問題研究所」）。2014年5月に日本創生会議（増田寛也座長）が発表した、いわゆる「増田レポート」では、20歳から39歳までの女性の数が、2010年から2040年にかけて半分以下に減少する896自治体が「消滅可能性都市」と指摘され、大きな反響を呼んだ。この増田レポートで竹田市は、消滅可能性都市の一つに数えられている。

2009年に現市長である首藤勝次氏が市長に就任すると、著しく進んでいる高齢化への危機感から、竹田市新生ビジョンが掲げられ、それを推し進める政策の一つとして、「農村回帰宣言」が提唱された。都会から農村への移住・定住の受け皿となることで、竹田市の再生を図っていくというものである。具体的には、**農村回帰支援センターの設置（移住者へのワンストップサービス）、改修費の補助（費用の1／2、最大100万円）、お試し暮らし助成金（最**

大 6,000 円／ 1 人）、集落支援員の配置（旧来の住民との橋渡し）などの施策を打ち出した。

■ **伝統工芸職人の呼び込み**

中でも特徴的な施策が、竹工芸・紙すき・陶芸などの分野で、空き家・空き店舗を活用して起業する場合の補助制度（歴史・文化資源活用型起業支援事業補助金、最大 100 万円）である。

移住者を募る場合にネックになるのが、職の確保である。竹田市のこの仕組みは、**地域の伝統工芸である竹工芸や紙すき、陶芸などの分野で、既に手に職のある人にターゲットを絞って移住してもらうことにより、職の問題を解決しようというものである。**すなわち、職は用意できないので、最初から手に職を持った人に来てもらおうという発想に立つ施策である。2012 年には全国に知られる大阪府出身の竹工芸家が移住するなど、これまでに 10 件以上の補助を行っている。

さらに、職人や芸術家の移住を支援するため、2014 年 4 月には、**移転して使わなくなった中学校の校舎に、レンタル工房施設である「竹田総合学院」（TSG）を開設した。**各教室を工房としてアーティストに貸し出している（使用料は 100㎡未満が 5,000 円、100㎡以上が 8,000 円）。竹工芸家、陶芸家、染織家、ガラス工芸家、画家、3D プロジェクターアーティストらが入居し、落ち着いた環境で創作に取り組んでいる。

竹田市には、これまでに 250 人以上が移住したが、その多くが 20 ～ 40 歳代と若く、仕事は農業、観光、自営のほか、竹工芸や陶芸などの職人や芸術家となっている。**『田舎暮らしの本』誌の「住みたい田舎ベストランキング」で毎年上位となっている。**移住した伝統工芸職人や芸術家らは、作品展やイベントを開催するなどして、まちのにぎわい創出にも一役かっている。

このように竹田市では、伝統工芸職人や芸術家へのサポートが充実したまちというイメージが定着し、移住者を募る他地域との差別化に成功し、人が人を呼ぶ好循環が形成されている。「企業誘致」でこれまで苦戦してきた竹田市であったが、**仕事を持ち込んでもらうという発想の転換によって、「起**

業誘致」に成功したということになる。

■地域おこし協力隊、とまと学校

移住実績は上がってきているが、人口減少に歯止めをかけるには至っておらず、2014年度からは新たな施策として、**地域おこし協力隊の受け入れ**を本格化させた。2010年度に採用の協力隊員1人が定住して、移住サポートを行い始めたことを契機に、将来の移住候補者として注目した。受け入れ人数は2016年度時点で45人となっており、全国一である。隊員が竹田市への定住に向け、職探しや起業の準備をしやすいよう、隊員として活動すべき期間を1年目は月の7割、2年目は5割、3年目は3割と段階的に減らすなどの配慮を行ってきた。また、空きビルを市が出資するまちづくり会社が購入して、隊員の活動拠点として提供している。

このほか竹田市は、寒暖差の大きな気候を生かした西日本有数の夏秋トマトの産地として知られるが、2010年に、**後継者育成を目的とした農業生産法人とまと学校を設立した。研修生は地元農家による指導も含め2年の研修を受け、研修期間中は法人から給与が支払われる。**研修生のほとんどは農家以外の出身で、県外出身者もいる。卒業後は地元で農業経営に携わることが条件で、卒業生の中には、地元農協に加入する農家平均を上回る反当たりの収穫量を得ているケースもあるという。**後継者と移住者の確保という一石二鳥の効果を生む仕組み**である。

■移住希望者への対応と空き家所有へのインセンセンティブ

竹田市の移住希望者への対応は丁寧である。職員が数カ月から1年半ほどはメールでやりとりし、希望するライフスタイルを見極め、必要な情報を提供する。家探しには職員が付き添い、地元の農家と交渉して泊めてもらうといったこともしている。また、子どもがいる家族を小学校の運動会に招待するなど、移住後の暮らしをイメージしてもらえるよう努めている。マッチングを重視しており、必ずしも数は求めていない。トラブルが発生するケースが出ると、移住支援策そのものへの信頼性が損なわれることになりかねないため、地域とのつながりや移住者同士の関係性の構築に力を入れている。また、2013年に設けた交流館「集」では、移住前の相談ができるほか、移住後の交流施設としても機能している。自治会長からの推薦で市長が委嘱する集落支援員も、移住前後の関係性の構築に貢献している。

一方、竹田市では、**移住者に提供する空き家の物件登録を増やすため、売却または貸し出した場合、成約時に10万円を支給するという、空き家所有者へのインセンティブも設けている。これにより、空き家バンクへの登録が増加する効果がみられた**という（これまでの利用実績は50件以上）。先に、空き家所有者が物件を出し渋る要因として、仏壇や家財道具の存在があることを指摘したが、これを自治体自らが処理することは困難であるものの、その代わり、このようなインセンティブを設けることにより、売却、賃貸化に踏み切る決断の後押しをすることは可能と考えられる。

現在は、空き家バンクへの登録インセンティブを設ける自治体が増えており、竹田市のように成約の条件は課さず、登録するという前提で、家財道具の運搬・処分、清掃費用などを補助する事例が増えている。

空き家の活用という点では、2017年8月に移住者が、築40年余りの木造の空き家をリノベーションした宿泊施設「竹田まちホテル」をオープンさせた。改修費用は県と市から助成を受け、運営は市から受託を受けた移住者が代表を務める会社が担う。東京からの移住者が、空き家が点在する城下町を見て、このような取り組みを行った。

このほか竹田市では、空き家の活用だけではなく、**子育て層向けには、子育て定住促進住宅の建設や分譲住宅地の造成、また、単身者向けには共同住宅（1Kの居室）の建設にも注力しており、受け皿としての住宅の充実にも取り組んでいる。**

島根県江津市―ビジネスプランコンテスト

■東京から一番遠いまち

職は用意できないので、仕事を持ち込んでもらうという発想は、島根県江津(ごうつ)市でも共通している。江津市は、鳥取県西部に位置し、東京からの移動時間距離が一番かかるといわれる場所にある。県内自治体の中でも早くから人口減少、高齢化が進行しており、増田レポートでは消滅可能性都市の一つに数えられている。2015年時点の人口は2万4,468人(2010年対比-4.8%)で、高齢化率は36.6%に達する(「国勢調査」)。2040年の人口は約1万5,700人(2015年対比-35.9%)、高齢化率は41.7%と推計されている(「国立社会保障・人口問題研究所」)。

江津市の合併前の旧桜絵町は1990年代前半に日本でも最も早く「定住支援」を掲げた自治体として知られ、早くから空き家バンクの制度を設け、UIターン者の受け入れに熱心だった。こうした流れは2004年の合併後にも引き継がれ、2006～2007年に空き家の悉皆調査を行った上で、空き家バンクの活性化に取り組んできた。空き家の改修費を半額補助したり、UIターン者の地域とのトラブルを回避するため、事前に地域活動への参加が可能かどうかをヒアリングしたりするなどの活動を行ってきた。空き家の利用実績は、これまでに250件以上に上る。

リーマンショックの前後には、地場産業である石州瓦の衰退、経営破綻や誘致企業撤退などにより経済が冷え込み、多くの雇用が失われた。そこで江津市では、これまでの定住支援の実績を活かし、新たな雇用創出策を検討することになった。それ以前から、空き家活用の問題点として、他の多くの自治体も直面する課題であるが、紹介できる仕事に限りがあるという問題を抱えていた。そうした中、空き家への移住者が行った桑茶の生産事業が60人近い雇用を生む事例が現れ、農業やものづくりなどで何かしたいという目標が明確な人や、手に職を持った人の方が長続きすることがわかってきた。

■ビジネスプランコンテストによる起業者呼び込み

そこで出てきたアイディアが、**空き家・空き店舗を活用して起業するビジネスプランのアイディアをコンテスト形式で募る**というものであった(「Go-Con」)。地域の課題解決につながるようなプランを提案してもらい、その後の創業を支援するものである。大賞受賞者には賞金100万円が贈られ、受賞者は1年間、市内で活動しなければならない。プラン実現に当たっては、地元商工会議所、信用金庫などがバックアップする。

2010年12月に開催された初のビジネスプランコンテスト「Go-Con2010」では、全国から25件の応募を集め、4人が受賞した。その後、ビジネスプランコンテストは江津市の恒例となり、2017年に8回の開催を数えるまでとなった。3回目以降は、より実現性の高い提案に絞り込むため収支計画書の提出を義務付けている。

起業準備中の受賞者の受け皿として、NPO法人てごねっと石見が2011年に設立され、コンテスト運営も担っている。「てごねっと」の元となった「てごする」とは、手伝うという意味の方言である。これまで、若者と地域企業をつなぐインターシップ事業、竹炭を使った鶏卵づくり、空き家のリノベーションや家具のデザイン・制作、江津産の大麦や県内産の米・麹、ゆずなどを使ったクラフトビール製造など、地域に密着したビジネスプランが実現された。

受賞したビジネスプランはコンテストを通じ周知されているため、地域の支援を受けやすく、また、受賞者にとってもすでに顔が知られているため、関係性を構築しやすいメリットがある。地域においては、積極的に支援して育てていきたいとの思いが共有されることになる。こうして**江津市は、目標を持った意欲の高い移住者が集まってくる場となった。**また、受賞者の活動を見て移住してくる人や、面白そうなまちだと移住してくる人が増えるなどの波及効果も生じるようになった。こうして江津市では、人が人を呼ぶ好循環が形成されている。江津市の商店街では、ビジネスプランコンテストの受賞者も含め、ここ数年で20以上の店舗が開業するなどの効果が生まれている。

島根県浜田市―シングルペアレントの呼び込み

■増田レポート後に進んだ取り組み

浜田市は島根県西部に位置し、2015年時点の人口は5万8,105人（2010

年対比－5.8％）で、高齢化率は33.7％に達する（「国勢調査」）。2040年の人口は約41,300人（2015年対比-28.9％）、高齢化率は39.9％と推計されている（「国立社会保障・人口問題研究所」）。

増田レポートで消滅可能性都市とされたことで危機感が高まり、2014年8月に、女性職員有志13人による「CoCoCaLa（ここから）」プロジェクトが立ち上げられた。ここで出てきた提言の中に、ひとり親に対する支援の充実があり、他方、浜田市では介護職の人材が足りないという問題を抱えていたため、この二つを組み合わせるアイディアが浮かんだ。すなわち、**ひとり親の移住者を募集して、介護サービス事業所の職を紹介し、養育費の支給など手厚い支援を行う**というものである（「シングルペアレント介護人材育成事業」）。ひとり親世帯の支援と介護職の確保を両立させ、人口減少に歯止めをかけることが期待された。

2015年度に開始されたこの仕組みは、高校生以下の子がいるひとり親が対象で、1年間の研修期間内に、月給15万円以上、養育支援金月額3万円、一時金130万円（引越しの支度金30万円、1年間勤務した時点での奨励金100万円）を支給する。このほか、家賃補助月額の2分の1（上限2万円）、自動車を保有していない場合は中古自動車の無償提供を受けることができる。ひとり親が働く介護サービス事業所は、特別養護老人ホームなど7施設である。浜田市ではこのほか、移住者向けに空き家バンクを設置している。

事業所はひとり親に「介護職員初任者研修」を受けさせるが、その費用として市が事業所に月額3万円を支給する。最初の1年間で対象者が受け取る金額は400万円近くとなる。財源は、国の地方創生交付金と島根県の「しまね型仕事創生事業補助金」を活用している。なお、一時金については事業者による支払いとなっている。**事業者にとっては、1年目に130万円の負担が生じるが、人材不足が慢性化している中、定着し得る人材を確保することのできるメリットがある。**

■受け入れ後の課題

2015年度は3人程度の募集とし、特徴ある取り組みとしてマスメディアで報道されたこともあり、31 都道府県から 153 件の問い合わせがあった。5 月の締め切りまでに応募は都市部を中心に 15 人あり、うち見学・面談会には 6 人が参加した。最終的に大阪府と愛知県のシングルマザー 4 人が採用となり 1 期生となった。子どもを含めると 9 人が浜田市に移住し、2015 年 10 月から研修が始まった（その後 1 人は辞退）。なお、対象をシングルペアレントとしているため、応募できるのはシングルマザーに限らず、実際、応募者の中にはわずかであったが男性もいた。

1 期生受け入れ後に浮かび上がった課題は次のような点であった。一つは、夜勤する場合の子どもの世話の問題である。夜間対応の保育所はなく、ファミリーサポート事業（夜 1 時間 800 円で子どもの面倒をみるもの）によって対応している。もう一つは、1 年間終わった後の定着の問題である。この点については、地域との橋渡し役として生活相談員を配置している。

2 期生は 2015 年 11 月～ 2016 年 1 月にかけて募集し、2016 年 4 月から研修という秋募集、春から研修というスケジュールとした。また、1 期生は市外在住という条件であったが、県内で人材を奪い合うことは望ましくないとの考えから、2 期生以降は県外在住という条件に変更した。2017 年 6 月現在、9 世帯 21 人が移住し、6 人が介護施設で働いている。

■ひとり親世帯呼び込みの功罪

これまで浜田市でも、移住者の募集に力を入れてきたが、特徴づくりが難しかった。都会では仕事を見つけにくいひとり親世帯にターゲットを絞って、手厚く支援するというアイディアは初めてだったことで、全国的に注目され、希望者が多く現れた。竹田市の伝統工芸職人の呼び込みや、江津市の起業希望者の呼び込みとは異なるが、やはり、移住者の呼び込みには、特徴ある働き掛けをして差別化することが一つの手であることが分かる。

浜田市の取り組みをきっかけにして、ひとり親世帯の介護職への就労支援を講じる自治体が増えた。北海道幌加内町、三重県鳥羽市、新潟県などがある。大分県国東市や長野県須坂市など職種にこだわらず受け入れる例もあり、長野県では製造業も就労条件に含めている。

自治体にとっては、移住したひとり親がシングルマザーの場合、地元男性との結婚や出産の期待もあると考えられる。ただ、自治体によっては、移住したひとり親ばかりではなく、従来から市内に住むひとり親世帯への支援も手厚くすべきとの批判もある。また、たった数世帯の移住では介護の担い手不足の解消にも、人口減対策にもならないとの批判もあるが、浜田市ではこれが毎年続けば5年で50人ほどの転入になると反論している。

4 移住者呼び込みの好循環

こうした自治体による人材募集、移住者選抜という要素も早くに取り入れ、**移住者呼び込みで全国的に有名になった事例としては、徳島県神山町と島根県海士町がある。**

徳島県神山町―IT企業による魅力発見

■神山アーティスト・イン・レジデンス

神山町は徳島県のほぼ中央に位置する山間部にあり、徳島市内から車で40～50分ほどの距離にある。人口減少、高齢化が進んでいる地域で、2015年時点の人口5,300人(2010年対比－12.2%)、高齢化率は49.5%に達する(「国勢調査」)。2040年の人口は約2,400人（2015年対比－54.8%)、高齢化率は59.5%と推計されている（「国立社会保障・人口問題研究所」)。増田レポートでは消滅可能性都市の一つに数えられている。しかし**近年は、IT企業がサテライトオフィスを設置し、クリエーターや職人などが多数移住するなど、その取り組みが全国の注目を集めてきた。**

徳島県では、2007年にUIターンを促進するため、移住交流支援センターを県内8カ所に設置したが、町にはノウハウがなかったため、それまで芸術家の滞在支援などを行ってきたNPO法人グリーンバレーに業務を委託することにした。

グリーンバレーが設立されたのは2004年のことであるが、活動の源流は1991年の「アリス里帰り推進委員会」にまで遡る。これは、太平洋戦争前にアメリカから寄贈され、神山町内の小学校に保管されていた人形のアリスを、送り主の元に里帰りさせようとする取り組みであった。当時、小学校のPTA役員で、後にグリーンバレー理事長となる大南信也氏が中心となって、人形をペンシルベニア州ウィルキンスバーグ市に里帰りさせることができた。この取り組みを契機に、1992年に、ALT（外国語指導助手）の事前研修受け入れを行う、神山町国際交流協会が設立された。

そしてその後、1997年に徳島県が策定した新長期計画に「とくしま国際文化村構想」が盛り込まれると、大南氏らは神山町に国際文化村委員会を組織し、「神山アーティスト・イン・レジデンス構想（KAIR）」を県に提案し実現した。神山町に国内外のアーティストを招き、3カ月の滞在期間中に作品を制作してもらう取り組みである。国内外から毎年3人、1999年の開始以来、招いたアーティストの数は50人以上に上る。

KAIRを続けていく過程で、神山町の創作環境の評価が高まり、招聘したアーティストが移住を希望することが出てきたり、招聘から漏れても自費での滞在希望も出てきた。また、グリーンバレーは空き家を紹介し、移住・滞在支援を行っていく過程で、ノウハウを蓄積していった。そして、グリーンバレーがKAIRの情報発信を目的に開設したサイト「イン神山」では、アートに関するコンテンツ以上に、神山で暮らすための古民家情報へのアクセスが多いことが分かり、アーティスト以外にも移住先として神山町に興味を持っている層が一定程度いることが分かってきた。

■ ワーク・イン・レジデンス

こうしたこれまでの活動の経緯が評価され、**徳島県が移住交流支援センターを設置する際、神山町以外は役所の中に置かれたのに対し、神山町だけはグリーンバレーに業務が委託された。**

グリーンバレーは移住者の募集、選定に当たって、民間ならではの柔軟な発想で行った。移住する場合にネックになるのは働き口であるが、仕事を持ち込んでもらえばよいという発想である（「ワーク・イン・レジデンス」）。

移住希望者の中から、神山町で自立して暮らすことのできる、手に職がある人や起業家など、対象者をグリーンバレーが指名する形での移住が行われている。1950年代には40店舗近くあった地元の商店街は、2008年頃には6店舗ほどまで減少していたが、例えば、そこに入るパン屋を経営してくれる人といった具合に、必要な働き手や起業家を逆指名するというものである。つまり、まちのためにどのような仕事をできる人に来てもらうかを決めるもので、移住と起業による商店街活性化を同時に達成することができる。選定は、移住希望者の情報（年齢、職業、家族構成、夢・ビジョン）やヒアリングなどから判断している。グリーンバレーは移住者の選定、空き家の斡旋、居住環境の整備などを担っている。

神山町は2000年頃まではＩターン者はほとんどいなかったが、ワーク・イン・レジデンスの開始後は、パン屋、カフェ、レストランなどさまざまな仕事を持った人が移住、開業するようになった。移住者が増えれば、生活に関するさまざまなニーズが増え、新たな移住者が必要とされるなど、人が人を呼ぶ好循環が出てきた。

また、グリーンバレーでは、2010年から、求職者にスキルを身に付けてもらう支援プログラムである神山塾「イベントプランナー・コーディネーター養成科」を開設している。厚生労働省の認定を受けた求職者支援の仕組みである。期間は半年で、受講者は20代から30代の若手が多く、修了後は神山町で起業したり、グリーンバレーで働いたりするなど、半数近くが移住者として残っており、人材の供給源になっている。

■サテライトオフィス

ワーク・イン・レジデンスの活動により起業家の移住が増えたが、その後、空き家にサテライトオフィスの設置を希望するIT企業が現れるようになった。そのきっかけは、2010年にグリーンバレーが商店街再生の一環として、長屋の空き家をオフィス兼住居に改修した「ブルーベアオフィス神山」であった。県出身の建築家や建築科の学生が参加した。

サテライトオフィスの誘致については、もともと特別な活動を行っていたわけではない。ブルーベアオフィス神山の改修に携わった建築家と大学同期であるITベンチャー「Sansan」（クラウド名刺管理ソフトを開発・販売）の社長がテレワークのできる場所を探していて、神山町を訪れた。社長は神山町のネット環境やグリーンバレーの取り組みの話を聞き、神山町の環境が気に入り、即決で築70年の古民家を借りることを決め、2010年にサテライトオフィス第１号ができた。当初は本社からの社員の希望で２週間～数カ月滞在するだけであったが、移住を希望した社員や徳島での現地採用があり、現在は常駐型の社員もいる。

ネット環境としては、**2004年に総務省の補助事業によって、神山町が全戸に光ファイバー網を設置していたことから、高速通信の環境が整っていた。**徳島県では、地上デジタル放送への移行対策として、「全県CATV網構想」を策定し2002年から推進していたが、これにより神山町でもブロードバンド環境が整備されていた。

神山町にサテライトオフィスを立地するメリットとしてはこのほか、山間部に位置し地盤が強固で地震や津波などに強いことや、徳島市内から近く県外からのアクセスがよいことなどがある。ただ、これは徳島県内の他の自治体にも当てはまることである。神山町にあってほかの自治体にないものとしては、グリーンバレーの長年の活動を通じて形成されている、アーティストなどクリエイティブな人々が地域に溶け込んで自由に活動している、地域の雰囲気がある。

その後、テレビなど多数のメディアに取り上げられるようになったこともあり、サテライトオフィスの開設希望が増えていった。**現在、16社がサテライトオフィスを設置している。その業務内容は、プログラム開発、ウェブデザイン、グラフィックデザイン、番組の文字情報配信、4K・8K高画質映像編集、3Dモデラー（実物大の模型の製作）などである。**

いきなり空き家を改修して入ることに不安のある企業や起業家向けには、町所有の元縫製工場を改修した共同オフィスとして、2012年に「神山バレー・サテライトオフィス・コンプレックス」を開設した。オープンな空間で、起業家同士や地域住民との交流もできる。

■えんがわオフィス

サテライトオフィスを開設した企業の中には、定住する社員が現れたり、現地雇用を行う企業も出てきた。その代表的企業が、プラットイーズ（通称えんがわオフィス）である。東京広尾に本社を置く企業で、テレビ局が業務用に使用する番組情報の運用、配信業務などを行っている。神山町に設置したえんがわオフィスは、本社のバックアップ機能を担うとともに、4K・8K高画質映像編集、配信などを行っている。

開設後は、現地で20人ほど採用し、えんがわオフィスにある広い縁側には地域や他のオフィスの人たちが集まって交流するなど、地域の中心的な存在となっている。また、2015年には、サテライトオフィスワークを体験できる宿「WEEK神山」をオープンさせ、地元栽培のオーガニック食材を使った食事が提供されている。オーガニック食材の使用は、地元で生産する人への需要を高めることにもつながる。

サテライトオフィスの開設は、当初は、社員が入れ替わりで短期間滞在するだけで、地域の雇用には波及効果がないとの見方が多かったが、今では**現地雇用や移住者増加の効果を生んでいる。**このように神山町では、グリーンバレーのアーティストの受け入れから始まった活動が移住支援につながり、起業家、IT企業などの多種な職種の人々を呼び込むに至っている。

アーティストの受け入れから始めたのが、その後もクリエイティブな人材を受け入れる素地を作り、移住支援も逆指名する形で地域に必要な人材を獲得するユニークな取り組みを行い、そうして形成されたまちの雰囲気が高速通信環境と相まってIT企業を多数引き付けるに至った。このように神山町では段階を経て人を引きつけ、人が人を呼ぶ好循環に至ったと考えることができる。特筆すべきは、こうした移住者呼び込みは、町の財政支援をほとんど受けていないということである。

島根県海士町—若者のIターン起業

■財政破綻の危機

海士町は、島根県の沖合いにある隠岐諸島に属する。海士町は島前と呼ばれる知夫村、海士町、西ノ島町の三つの島の一つで、杉並区ほどの大きさである。1950年頃には人口は7,000人近くあったが、2015年時点の人口は2,353人（2010年対比－0.9％）、高齢化率は39.0％に達する（「国勢調査」）。2040年の人口は約1,400人（2015年対比-39.8％）、高齢化率は46.3％と推計されている（「国立社会保障・人口問題研究所」）。増田レポートでは消滅可能性都市の一つに数えられている。

海士町は離島振興法などに基づく国の公共事業が行われ、それによって暮らしは改善したが、2001年度末の地方債残高は101億円にも達していた。1994年に14億円あった基金を取り崩してきたが、このままで立ち行かなくなるとの危機感から、2002年に現町長である山内道雄氏が当選後、本格的に町の改革が進められるようになった。**平成の大合併が進む中、離れた島同士が合併しても効果が期待できないことから、単独生き残りを決断し、2004年3月に「海士町自立促進プラン」を策定した。守りの戦略として徹底した行財政改革、攻めの戦略として地域資源を生かした雇用の創出が掲げられた。**

まず、行財政改革としては、山内町長は町長選当選後すぐ自らの給与を30％カットした。国からの補助金減少、地方交付税の削減が進められる中、北海道夕張市が陥った財政再建団体への転落の可能性が高まっていた。町長の動きに町の幹部職員や議会が直ちに反応し、給与カットを申し出た。地域も反応し、老人クラブからバス料金の値上げや補助金返上の申し出があったり、応援の寄付も寄せられるようになるなど、町民の間でも危機感が共有された。給与カット分は子育てや産業振興に充てられることとされた。

攻めの戦略の第一は、島まるごとブランド化戦略である。あらゆる支援措置を活用して、地域資源を活かした産業振興に取り組むこととされた。

■さざえカレー

肉の代わりにさざえを用いた**「島じゃ常識 さざえカレー」**は、山内町長就任前からヒット商品になっていた。**さざえを具材にしたカレーが島外では珍しいと気づいた町の職員が、農協婦人部と協力して開発した**ものである。牛肉や豚肉が手に入りにくい町民にとって、カレーにサザエを入れることは当たり前だが、島外の人にとっては新鮮だった。

「島じゃ常識 さざえカレー」の商品化では研修生も力になった。1998年度から海士町では、商品開発研修員制度を導入しており、毎年、数名の研修生を町の臨時職員として受け入れ、月15万円の給与を支給している。地域資源を外部の目で発見し、新製品・サービスを開発してもらおうというものである。島の助っ人となる研修生は、これまでに30人が採用され、6人が定住し、1人が起業している（2015年度末）。

「島じゃ常識 さざえカレー」は、町が製造から販売まで手がけ、1999年度から発売して、すぐに年間3万食を販売し、2015年度の売上高は3,000万円に達した。

■岩がき

さざえカレーに次いでヒットしたのが、岩がき「春香」の生産、販売である。ダイビングするため神奈川県から移住したIターン者が、岩がきの養殖を提案して地元の漁業者とともに事業に取り組んだ。2006年に、海士いわがき生産という会社を立ち上げ、「春香」のブランド名で売り出すとそのおいしさが評判になった。地元やIターン者の雇用を生み出し、いまや年間50万個の生産能力を持つまでに成長している。

岩がきの鮮度を保ったまま消費地に輸送することを可能にしたのが、細胞組織を壊さずに生かしたまま凍結保存する装置「CAS（Cells Alive System）」の導入であった。Iターン者が首都圏に営業に出向いた際にこの技術に出会い、町に導入を訴えた。2005年にCAS凍結センターを建設し、町が90％出資する第三セクター㈱ふるさと海士が設立された。導入に5億円もかかるため、反対する声もあったが、山内町長の決断により導入した。それまで、**海士町は海産物に恵まれながら市場へ運ぶのに時間とコストがかかるのがネックであったが、CASの導入により、単価の高い築地市場に出荷することが可能になった。**岩がきは完全なトレーサビリティも売りにしており、信頼を得ている。現在は、飲食店への直販、年間契約販売、中国やアメリカ向けなど販路は大きく広がっている。

岩がきだけではなく、現在は白いかなども人気商品となり、首都圏の飲食店や百貨店のギフトなどに採用されている。岩がき以外は、㈱ふるさと海士が買い取っているが、漁業者の意識も変わってきた。丁寧に手釣りした傷のない白いかは、高値で取り引きされることが分かったからである。

■ 隠岐牛

島で肥育する隠岐牛も、ブランドとして認知されつつある。隠岐の隠れた特産としては、昔から肉牛用の子牛があった。隠岐で生まれた子牛が全国の産地で成牛に育てられた後、神戸牛、松阪牛などそれぞれのブランド牛として出荷されてきた。これに対し、**地元の建設会社が、公共事業の減少で売上高が大幅に落ち、もはや公共事業に頼れないとの判断から、畜産業への進出を決意し、2004年に隠岐潮風ファームを立ち上げた。**従来行われてこなかった島での成牛の肥育に挑戦し、「隠岐牛」をブランド化しようと考えた。海からの潮風が年中吹いているため、牧草にはミネラル分が多く含まれ、おいしい肉質に仕上がるという。**企業として畜産業に参入するため、海士町は構造改革特区(2004年3月)を申請し、農地法の規制緩和を受けた。**

2006年に初出荷した黒毛和牛「隠岐牛」は、最高ランクのA5を取得し、全国の有名和牛にひけをとらない高値をつけた、隠岐牛はブランドとして認められた。隠岐牛の高い評価は、隠岐の子牛の価格上昇につながり、地元の畜産業に活気が出てきた。厩(きゅう)舎や牧場整備など新たな建設需要も出ている。2016年夏には、東京銀座に隠岐牛肉を中心としたパイロットショップを開店し、今後がさらに期待されている。

■ 海士乃塩

地域資源の商品化の取り組みは、その他には「海士乃塩」、クロモジを原料とした「ふくぎ茶」、「干しナマコ」などがある。海士乃塩は、単体で販売するだけでなく、海士乃塩を使用した梅干や塩辛などの加工品も作られるようになっている。干しナマコは、Iターン者の取り組みによって商品化された。近年は、希少海藻の養殖や商品化に向けた研究も行っており、そのための拠点として、2014年に海士町海藻センターを設置した。

これら数々の地域資源を生かした商品販売によって雇用機会が増加し、都会から移住する若者も増え、現在は島の人口の1割ほどがIターン者となっている。**破綻しかけた財政も健全化に向かっている。**

■高校魅力化プロジェクト

海士町では、教育にも力を入れている。島前3島の3町村（西ノ島町、海士町、知夫村）の高校生らが通う県立隠岐島前高校は、2008年度には新入生が28人にまで減少し、統廃合が懸念される事態となった。高校が消滅すれば、若者が島からいなくなるばかりか、子どもを持つ世帯の流出にもつながり、衰退に拍車がかかる。そこで2007年から、「島前高校魅力化プロジェクト」を始動させ、カリキュラムを改革し、地域との連携も図るなどの取り組みが進められた。**プロジェクトのキーマンはIターン者である。**

生徒を全国から受け入れる島留学を推進するため、東京、大阪などで説明会を開催した。島留学生は、寮費や食費の補助を受けることができる。進学を目指す生徒向けには、学校と連携した公営塾「隠岐國学習支援センター」を設け、大学進学に備えたプログラムを受けられるようにした。そうした努力の結果、**2015年4月の島留学生は、全校生徒160人の半分にも上る**までになった。

留学生にとっては、島で暮らすこと自体が貴重な経験であり、地元の生徒は留学生から刺激を受けている。進学実績も上がり、有名大学への合格者も出すようになっている。**海士町で学んだ生徒には、海士町の魅力を全国に持ち帰り、少しでも広めてもらうことも期待している。**

以上のように海士町の取り組みは多岐にわたる。**CASの導入や第三セクターの設置、構造改革特区の申請、高校魅力化プロジェクトなどで行政が果たすべき役割を果たし、アイディアはIターン者や地元の意欲ある人など民間の発想を生かし、官民連携で地域再生を果たしている事例**と捉えることができる。

5 移住者呼び込みの戦略

本章においては、移住者を呼び込む戦略として、まず、**ターゲットを絞る戦略**を取り上げた（図表4-7）。竹田市の伝統工芸職人の呼び込み、江津市のビジネスプランコンテストとも、施策がきっかけになって興味を持つ移住者が集まる効果が出ており、人が人を呼ぶという好循環が生まれつつある。インキュベーション施設として、竹田市では竹田総合学院、江津市ではてごねっと石見を設置しており、起業に向けた訓練や人脈を作ることができるようになっている点も、移住希望者にとっては好都合と考えられる。

浜田市の場合は、不足する介護職を埋めるためシングルペアレントに目をつけた点がユニークであり、全国的に注目を集めたことで希望者が集まった。しかし、仕事をしてみなければ適性があるかどうかは分からず、長期的に定着していくかについては今後の課題と考えられる。介護職に限らず、特定の職種についてもらうため職業訓練を行う前提で、**地域に必要な人材を確保するという戦略は、今後は多方面で応用可能**と考えられる。

竹田市と江津市では起業家という職種の募集であり、浜田市では介護職

●図表4-7　移住者呼び込み策の類型

	自治体名	契機	施策、ターゲット	インキュベーション施設、起業・就業支援	成果
自治体による移住者選抜	大分県竹田市	著しい高齢化の進展	地域に根差した分野の伝統工芸職人	竹田総合学院	一定の成果
	島根県江津市	地場産業衰退、誘致企業撤退	ビジネスプランコンテストで提案募集	てごねっと石見	一定の成果
	島根県浜田市	増田レポートで消滅可能性自治体に	シングルペアレントを介護職として募集	介護サービス事業所で研修を受けながら就業	定着するかはこれから
移住者呼び込みの好循環	徳島県神山町	著しい高齢化の進展。移住支援をNPOが担ったこと	起業家、IT企業	神山塾	大きな成果
	島根県海士町	著しい人口減少。財政破綻の危機	若者	商品開発研修員制度	大きな成果

という職種の募集である。二つの方向性は一見異なっているように見えるが、地域に必要な人材を育成も含め募集するという点では共通点を持っている。

神山町、海士町については、人が人を呼ぶ好循環がかなりの程度進み、その取り組みが全国的に有名になったケースである。ただ、そうなる過程が両者ではかなり異なっている。

神山町の場合は、NPOのグリーンバレーの活動がベースとしてあり、アーティストやクリエーターを受け入れる素地ができていて、そうした移住者が増えた。また、商店街を再興するために必要な人材を逆指名した。手に職を持っている人に優先的に来てもらうという発想は、竹田市と共通している。その後、高速通信環境をIT企業が着目したことでサテライトオフィスが多数できる流れとなった。こうした動きに、行政は財政的な支援はほとんど行っていない。

海士町の場合には行政の危機感から出発し、移住候補者の研修生を早くから受け入れ、また、たまたま先に移住していた人が地域資源を活用した起業に成功して、面白いとの評判が高まり、その後、人が人を呼ぶ好循環に入った。海産物の活用については、行政が最先端設備の投資に踏み切ったことも大きかった。さらにその後は、島に高校を残すため、教育レベルを引き上げ、島留学という形で活性化させ、将来に向けた人づくりも手がけるようになった。公営塾の開設を含めた教育レベルの引き上げにも、移住者が貢献をした。**海士町の場合は、移住者が地域資源を発見し、その価値を官民一体で最大限高めた**という色合いが強い。

このように両者の成功に至るまでの過程は異なっているが、いったん人が入り成功すると、人が人を呼ぶ好循環に至るということである。そうなる契機は、たまたまNPOが活動していたり高速通信環境があったり、行政が危機感を持つ中、身近な海産物に価値を見出したりという偶然の産物ともいえる。偶然ではあるが、地域がおかれた環境で生き残りを図ろうとする時に、生かせるものは何でも使うという発想の中から必然的に出てきた産物ともいえる。**地域において偶然を必然に変えるためには、先入観なく地域の価値を見つめ直す、真摯な視点が必要**である。

6 今後の課題

本章においては、移住促進策としての空き家バンクの現状と課題について論じた後、行政による移住者選抜の仕組みとして、竹田市と江津市、浜田市の事例について考察を加えた。さらに、移住者呼び込みで全国的に有名になった神山町、海士町が成功するに至った経緯について分析した。

取り上げた自治体はいずれも増田レポートにおいて、消滅する可能性がある自治体と名指しされた共通点を持つが、危機感はそれ以前から高まっていた。克服するための取り組みが早くから模索され、先進的な取り組みにまで到達したと考えることができる。危機感が高まったとしても、有効な対策を打ち出せるとは限らないが、ここで取り上げた自治体は、幸いにも危機感を新たな施策につなげることができた。

共通点としては、地域に必要な人材を、育成や職業訓練を行うことも含め、ターゲットを絞って確保しようという発想があり、これは今後、多くの地域で応用可能と考えられる。地域の特色を出す形でターゲットを設定すれば、地域間で人材を奪い合う色合いが弱くなり、人材を確保しやすくなる利点も出てくると考えられる。

第5章

土地を有効に利用する

― 空き家と所有権のルール ―

第５章の要約

所有者が分からない土地が全国で増え、まちづくりの障害となっている。本章では、所有者不明の土地のうち、主に宅地に関する問題で、建物が建っている場合、除却費用をどのように捻出すべきか、また、所有権の制約を超えて、利用をどのように促進していくべきかについて考察した。

除却費用については、代執行、略式代執行で費用を回収できず公費投入となっている現実があり、除却費補助という形でも公費投入が行われている。この打開策としては、必ず所有者が負担することになるよう、毎年の固定資産税に、除却費に充てる分を少しずつ上乗せして徴収していく仕組みが考えられる。所有権の問題については、所有と利用を分離し、利用の促進を図っていくのが一案である。

一方、今後、所有者不明の土地がさらに増えていく可能性を考えると、事後的に所有者探索に多大なコストをかけたり、利用するにしても利用権設定の手続きに煩わされたりするよりは、いっそ最初から所有権放棄を認め、積極的に公的管理に移しておいた方が、その後、管理するにしても利用するにしても好都合だとの考え方に立つことも可能である。将来的には、所有権放棄ルールの創設が検討課題となる。

第５章　事例のポイント

呉市

・斜面が多く、条件不利地の空き家が増加

・空き家除却費用を上限30万円で補助

・補助金を活用した自主的除却が進む

高松市高松丸亀町商店街

・地権者自身では空き店舗の再開発を進めることは困難

・再開発をまちづくり会社が主導

・所有権を維持したまま、定期借地権を設定し、再開発ビルを建設

つくば市マイホームリース推進協議会

・所有と利用を分離する住宅供給の仕組み

・子育て期など必要な期間のみスケルトンを借りて住む

・終了後は新たな利用者に回す

こんな
いかにも壊れそうな
空き家が
街中あちこちに！
あんた！ 市役所の人なら
なんとかしてくれよ！
そ そんな…
所有者不明の
家は勝手に
壊せないんん
ですよ～
しかも
除却費用も
結構かかるん
です…
みなさん
落ち着いて下さい！
わたし達
「まちづくり創造課」
でも
こうした空き家問題には
いくつかの方策を提案する
予定なんです
まず 危険な空家には
除却費用の補助金を出す
自治体もあります
あと 土地・建物を
自治体に寄付する条件で
除却する自治体も
あります

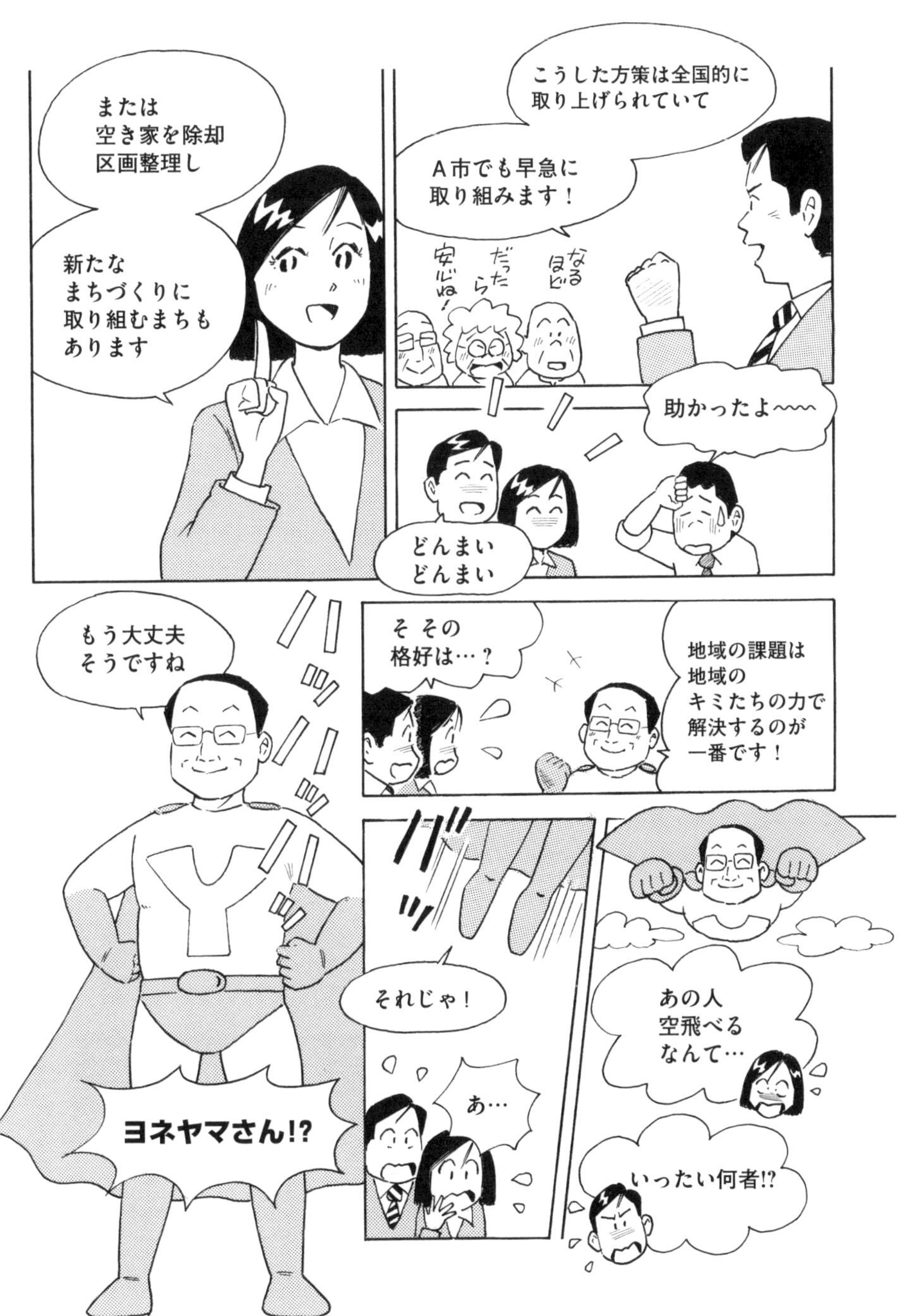
または
空き家を除却
区画整理し
新たな
まちづくりに
取り組むまちも
あります
こうした方策は全国的に
取り上げられていて
A市でも早急に
取り組みます！
なるほど
だったら
安心ね！
助かったよ〜〜
どんまい
どんまい
もう大丈夫
そうですね
ヨネヤマさん!?
そ その
格好は…？
地域の課題は
地域の
キミたちの力で
解決するのが
一番です！
それじゃ！
あ…
あの人
空飛べる
なんて…
いったい何者!?

1 増加する所有者不明の土地

第3章では地域にいかにしてマネーを呼び込み回していくか、第4章では地域にいかにして人を呼び込むかという、まちの縮減が避けられない中で、お金と人の呼び込みを通じて地域活性化を図っていく方策について論じた。この章では、縮小まちづくりそのものの問題に再び戻り、人口減少下のまちづくりの障害になっている、**所有者不明の土地についてどのように対処していくか**という点について論じる。

所有者が分からない土地が全国で増えつつある。登記簿などの台帳でも所有者が判明しない、あるいは判明しても直ちに連絡がつかないような土地である。**法務省の調査によれば、50年以上登記の変更のない土地は、大都市で6.6%、中小都市・中山間地域で26.6%に達する**（図表5-1）。

人口減少が進む中、相続時に登記されない物件が増えていることを示している。引き継ぎ手が遠方に住み、資産価値が低いなどの理由でそのまま放置し、相続を重ねていった場合、所有者にたどり着くことが難しくなる。特に、資産価値がない森林や農地などの場合は、コストをかけてまで名義変更するインセンティブがない。地価が高い街なかの宅地でも、狭小で活用しにくい場合や、接道条件などで再建築不可能な場合では、こうした事態が生じ得る。また、近年は相続放棄されるケースも増えている。

国土交通省は2016年3月に出した報告書「所有者の把握が難しい土地への対応方策」において、所有者不明の土地の存在が、公共事業などで土地利

●図表5-1　相続登記未了の土地

	最後の登記から90年以上経過しているもの	最後の登記から70年以上経過しているもの	最後の登記から50年以上経過しているもの
大都市 （所有権の個数：24,360個）	0.4%	1.1%	6.6%
中小都市・中山間地域 （同上個数：93,986個）	7.0%	12.0%	26.6%

（出所）法務省「不動産登記簿における相続登記未了土地調査について」2017年6月
（注）神戸市、高知県大豊町など全国10カ所の約10万筆で調査。対象となった所有権の個数は11万8,346個。国、地方公共団体、会社法人等による所有地は除く

用ニーズが生じた場合、支障を来すなどの問題点を指摘している。**対応策として、①所有者探索の円滑化と、②関連制度を活用するためのガイドラインを策定し、併せて所有者不明とならないよう相続登記を働きかける必要性を指摘**した。所有者不明の土地への対応のため、現行制度の範囲内で、最初に取り組まなければならない課題をまとめたものとして評価できる。

本章においては、上記報告書であまり意識されていない問題、すなわち、**近年は街なか（宅地）でも所有者不明や相続放棄される土地が増えており、これが居住環境を阻害したり、次の利用を妨げていたりするという点に着目し、その対処策を考えてみたい。**土地だけではなく建物も建っていることが多いため、除却の際に最終的に誰が費用を負担するのかという問題が生じる。現状では所有者が負担しない以上、公費負担にならざるを得なくなっている。これは近年、空き家問題への対処で自治体が頭を悩ませている問題でもある。

一方、所有者が管理の意思を失った土地については、管理の意思を失っても所有権を手放すことまでは抵抗がある場合も少なくない。そうした場合、**所有権を維持したまま、利用権を分離する形で次の利用につなげれば、未然に放置、放棄される土地を防ぐ効果を持つ**と考えられる。これは放っておけば最終的に所有者不明になりかねない土地の発生を防止することにもつながる。日本ではかつて明治の地租改正以前、農村などの一部では土地を村落の共同所有とし、利用者が一定年齢になったら村落に返還するなどの慣行が見られた。これは所有と利用を分離するもので、土地が未利用のまま放置、放棄されることを防ぐ効果を持った（地割制度）。

さらに、今後、所有者不明の土地がさらに増えていく可能性を考えると、事後的に所有者探索などに多大なコストをかけるよりは、いっそ**最初から所有権放棄を認め、積極的に公的管理に移しておいた方が、その後、管理するにしても利用するにしても好都合だとの考え方に立つことも可能**である。

本章では以下、2では第一の論点、所有者不明や相続放棄の場合、除却費用をどのように捻出すべきかという問題について検討する。空き家問題への最近の自治体の対応から今後の方向性を探り、ここでは新たに、除却費用の事前徴収の仕組みを提案したい。3では第二の論点、所有者が管理の意思を失った場合、所有権をどのように処理すべきかという問題について論ずる。日本において所有権の絶対性が確立された明治の地租改正を振り返り、日本でなお地租改正以前の地割制度が残る沖縄県久高島の事例から、現代への示唆を探る。その上で、現代において所有と利用を分離する方策にはどのようなものがあるかを考えたい。4では、第三の論点である、所有権放棄の仕組みが可能かどうかについて検討する。5では以上をまとめ、今後の課題について述べる。

2 空き家除却費用の所有者負担の仕組み

空家法とその効果

近年の空き家急増に伴い、自治体は、問題空き家の除却、使える空き家の再利用の両面で対策を講じてきた。このうち除却については、問題空き家に対し、指導、勧告、命令、代執行を行うことのできる空き家管理条例の制定が進んだ。条例制定が進んだことを受け、2014年11月には、同様の内容を含む空家対策特措法（以下、空家法）が成立した（2015年5月26日全面施行）。**空家法では、①倒壊等保安上危険、②衛生上有害、③景観を損なうなどの状態が著しくなっているものを「特定空家」と認定し、指導・助言、勧告、命令、代執行の措置を行えるものとした。**また、空家法では、従来、代執行ができなかった所有者が分からない場合も代執行できるようになった（略式代執行）。

同時に、**2015年度税制改正では、勧告の対象となったものは固定資産税の住宅用地特例を解除することとした。**住宅を建てた場合の税軽減の仕組みは、住宅が足りない時代には住宅取得を促進する効果を持ったが、住宅が余っている現在では、危険な住宅でも除却せず残しておくインセンティブを与えていた。

このように空家法と税制改正によって、特定空家の所有者に対してプレッシャーが強まった。これが空き家所有者の行動に与える影響としては、特定空家にならないように維持管理を行う、賃貸化するなど物件を活用する、維持管理コストと将来的な税負担増を考えて売却するなどの選択を行うことが考えられる。

ただ、**特定空家の所有者の税負担を高めたとしても、その支払い能力がなく、除却費も出せない場合には、そのまま放置される物件も出てくる**と考えられる。この場合、最終的には代執行に至るが、費用は請求しても払ってもらえず、費用回収のため敷地の売却を迫られる。しかし、売れても抵当権が付いていた場合、自治体に回ってくる分があるかは分からない。代執行に積極的に踏み切る弊害としては、最終的にこうした措置が取られることが分かっているとしたら、自ら動かず、自治体に任せる所有者が出てくることである。

空家法と税制改正で、特定空家の自主的除却は従来より進んだ。現に自治体が直面する問題は、それでも対応してくれない場合、すべて代執行を覚悟するのか、あるいはそれ以前の段階で除却費補助などで自主的対応を促しておいた方が得策なのかという問題である。

さまざまな除却支援策

実際、これまで**自治体は、各種のインセンティブを通じて除却を促してきた**（図表5-2）。**件数ベースで最も多く除却費を補助している自治体は広島県呉市で、2016年度までに501件、総額1億4,243万円の補助を実施し**

●図表5-2　除却支援の事例

施策の種類	自治体名	施策の内容
除却費補助	広島県呉市	危険な老朽空き家が対象。補助は除却費用の3割までで、上限30万円（2016年度までに501件、1億4,243万円）
	群馬県高崎市	危険な老朽空き家が対象。補助は除却費用の8割までで、上限100万円（2016年度までに427件、3億8,753万円）
	東京都足立区	危険な老朽空き家が対象。補助は除却費用の5割までで、上限50万円
	札幌市	[通常タイプ]危険な老朽空き家が対象。補助は除却費用の3割までで、上限50万円
		[地域連携タイプ]危険な老朽空き家が対象。補助は除却費用の9割までで、上限150万円。除却後の土地を、5年間、地域の自治組織に無償貸与。自治組織が維持管理しながら活用することに同意
	北海道室蘭市	特定空家が対象で、近隣や自治組織が除却する場合。補助は除却費用の9割までで、上限150万円。土地・建物を無償で住民に取得させ、跡地も活用できる。ただし、10年間は宅地や営利目的に使えず、広場などとして利用
公費による除却（寄付）	長崎市	危険な老朽空き家が対象（対象区域内）。土地建物を市に寄付し、跡地を地域で管理することを条件に公費で除却
	山形市	危険な老朽空き家が対象（対象区域内）。土地建物を市に寄付し、跡地を地域で管理することを条件に公費で除却

（出所）各自治体ホームページ等により作成
（注）施策の対象で「危険な老朽空き家」とあるのは、自治体によって正確な表現は異なる

た（1 件当たり上限は 30 万円）。呉市は斜面が多く除却が進みにくいため、補助の仕組みを設けた。これにより、これまで処分に悩んできた所有者が、空き家の除却に踏み切るきっかけとなった。仮に 501 件が代執行となれば、自治体の対応能力を超える。

一方、**高崎市では上限 100 万円とより高額で、2016 年度までに 427 件、3 億 8,753 万円の補助を実施した**。呉市の補助金は国が半分出すスキームを利用しているが、高崎市では全額市が出しており、支給の基準も 10 年程度空き家であればよく、緩い。高額の補助を出すことについては、モラルハザードの問題も大きいが、それによって自主的除却が進み、将来問題空き家となり得る物件が現時点で大きく減れば、その方が望ましいとの考え方に立つことも可能である。空家法に基づく対処は時間がかかり、空き家対策で目に見える効果を上げるには補助金を支給するのが早いとの市長の判断に基づく仕組みである。財政が豊かであればそのような選択も取り得る。

最近は、空き家所有者ではなく、**近隣や自治組織に対し除却費を補助する室蘭市のような自治体も現れた**。特定空家が対象で、近隣や自治組織が除却する場合に上限 150 万円で補助する。土地・建物を無償で住民に取得させ、跡地も活用できる。ただし、10 年間は宅地や営利目的に使えず、広場などとして利用することを求めている。近隣や自治組織に補助するのは本来は筋違いであるが、そこまでの対応を迫られているという事例である。

このほか、**土地建物を市に寄付する条件で、空き家の公費による除却を進めた自治体もある（長崎市など）。また、空き家の建っていた土地を一定期間公共利用することを条件に除却費を補助し、公共利用の間の固定資産税を免除する仕組みを設けた自治体もある（福井県越前町など）**。こうした様々な形の公費投入の仕組みは、自治体がそれぞれの事情によって講じたものである。ただし、公費投入にはモラルハザードの問題がある。最初から支援を受けられるとわかっていたら、誰も自己負担で除却しなくなる。自治体としては、あくまでも自主的除却を原則とし、公費投入に踏み切る場合は、地域にとって有効な手法を選ぶ形で支援しようとしている。

所有者不明、相続放棄のケース

2017年3月末時点で、**空家法に基づく措置の実績は、指導・助言が6,405件、勧告が267件、命令が23件、代執行11件となっている**（図表5-3）。所有者が分かっているケースの代執行は11件にとどまるが、所有者が分からない場合の略式代執行は35件に上っている。自治体は、すでに事態が切迫していた所有者不明物件について、略式代執行で除却を急いだことを示している。所有者が分からないケースは、費用は回収できず、公費投入となる。

一方、相続放棄されたケースでは、次の管理者が出てくるまでの間、相続人の管理責任は残る。しかし、管理者が出てくるのは自治体が相続財産管理人を選任し、処分するようなケースである。費用がかかるため、こうした措置をとることは限られる。**手続きとしては、利害関係人または検察官が家庭裁判所に相続財産管理人の申し立てを行い、その後、家庭裁判所で弁護士や司法書士を相続財産管理人として選定する。**この場合、固定資産税が課税されているため、自治体が利害関係人となり得る。ただし、裁判所に申し立てをする場合、予納金（数十万円）が必要になるが、売却しても予納金が回収できないケースも多い。

●図表5-3　特定空家等に対する措置の実績

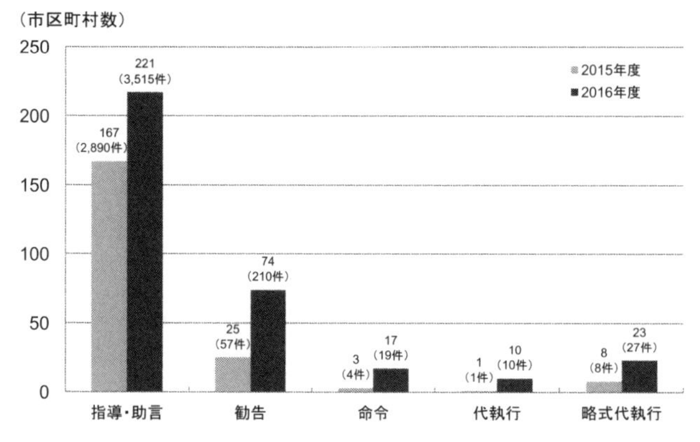

（出所）国土交通省「空家等対策の推進に関する特別措置法の施行状況等について」

それでもまだ、こうした対応が必要な物件の数が限られているうちは、行政による対応が手続き的にも費用的にも可能でも、今後、人口減少に伴い、所有者不明の物件が大量に発生した場合に、行政の対応力も限界に達すると考えられる。**国土交通省の試算によれば、2050年には、現在、居住している地域のうち2割が無居住地域となり、また、相続人が不在で相続財産管理人を選定しなければならないケースは、急速に増えていく**（図表5-4）。

しかし、相続財産管理人が選定されるケースは稀で、相続放棄した相続人も管理責任を果たさないまま、特定空家に認定されるケースも増えてくると考えられる。相続放棄された物件が特定空家に認定された場合、相続人に対して指導・助言、勧告まではできるが、それ以上はできない。除却の必要が生じた場合は略式代執行になり、この場合も公費投入になる。

すべての危険な空き家を公費で除却することは不可能であるため、この問題は最終的には、人口減少下で今後も居住地として存続させるエリアについて、居住環境を維持するために、**危険かつ所有者による自発的な除却が期待できない空き家について、どれだけ費用を投入して除却していくか**という問題に発展していく可能性が高い。

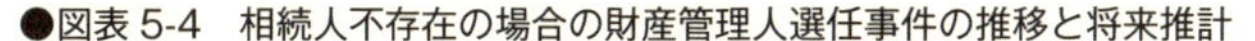

●図表5-4　相続人不存在の場合の財産管理人選任事件の推移と将来推計

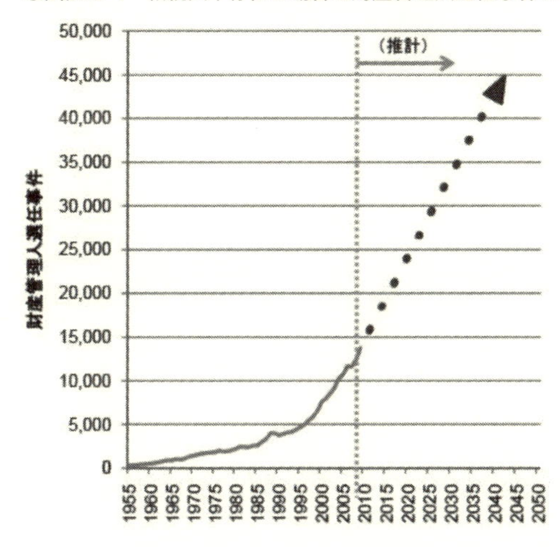

（出所）国土審議会「第3回長期展望委員会資料」2011年2月
（注）
1. 最高裁判所「司法統計年報」、最高裁資料をもとに、国土交通省作成
2. 相続人が明らかでない場合、家庭裁判所が利害関係人等の請求により、相続財産の管理人を選任の手続きが行われる件数を示したもの

現状で、すでに多額の公費投入がなされている（図表5-5）。代執行は、空家法施行以前では、空き家管理条例や建築基準法で行われた例があるが、それらを含む2011～2015年度のすべての代執行（含む略式代執行）の実績は29件にのぼり、うち18件（62%）が全額未回収となっている。その理由としては経済的に支払い困難8件、所有者不明・相続放棄10件となっている。除却費用は29件の総額で約6,500万円に達し、うち未回収は約5,000万円（77%）となっている。空家法に基づく代執行（含む略式代執行）の事例でも、費用が回収できないものが目立っている（図表5-6）。

●図表5-5　代執行の実施状況：2011～15年度

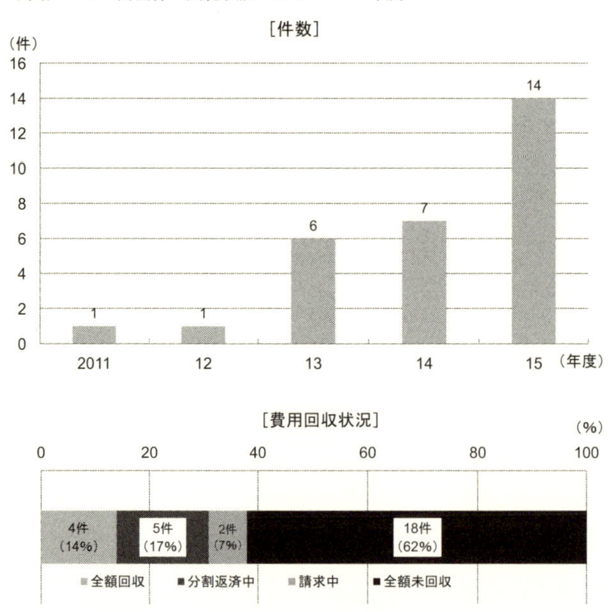

（出所）『大阪読売新聞』2016年7月25日により作成

●図表 5-6　空家法による代執行の費用回収状況

自治体	建物種類	所有者	費用	回収めど
北海道室蘭市	住宅	特定	840万円	○
北海道礼文町	住宅	不在	95万円	×
青森県五所川原市	倉庫	不在	600万円	×
前橋市	住宅	不在	80万円	○
東京都品川区	住宅	特定	420万円	○
東京都葛飾区	住宅	特定	185万円	○
神奈川県横須賀市	住宅	不在	150万円	×
新潟県魚沼市	住宅	不在	120万円	×
富山県上市町	納屋	不在	81万円	×
	住宅	不在	160万円	×
長野県高森町	納屋	不在	30万円	×
岐阜県大垣市	住宅	不在	230万円	×
大阪府箕面市	住宅のブロック塀	不在	50万円	○
兵庫県明石市	住宅	不在	100万円	×
	住宅	不在	210万円	×
山口県宇部市	住宅	不在	170万円	○
高知市	住宅	不在	90万円	×
福岡県飯塚市	住宅	不在	240万円	×
	住宅	特定	200万円	○
福岡県岡垣町	工場	不在	108万円	×
長崎県新上五島町	住宅	不在	150万円	×
大分県別府市	アパート	不在	513万円	×

（出所）『朝日新聞』2017 年 1 月 12 日
（注）2016 年 10 月 1 日時点で実施済みのもの

除却費用の固定資産税による事前徴収案

空き家の除却費用は、本来は所有者が負担すべきである。しかし現状では、除却費補助や、費用回収の見込みにくい代執行も実施せざるを得ないという形で公費投入されている。これは所有者が負担すべきものを、納税者全体で負担していることになり公平性を欠く。この**打開策としては、必ず所有者が負担することになるよう、毎年の固定資産税に、除却費に充てる分を少しずつ上乗せして徴収していく仕組みが考えられる。**固定資産税が徴収されている限り、相続放棄されたり所有者が不明になったりしたとしても、除却費用の心配はなくなる。必要になった時に、引き出せる仕組みにすればよい。

この仕組みは、今後、深刻化していく賃貸マンション・アパートや分譲マンションの空き家問題でも有効である。賃貸住宅は相続対策で建設されるケースが多く、供給過剰となっており、空室率は全国で23%（2013年）に達する（図表5-7）。老朽化し管理放棄された物件で代執行した例があるが（大分県別府市、図表5-6）、代執行費用は一戸建ての倍以上かかった。

一方、**分譲マンションは今後老朽化が急速に進展していく。**築40年以上のマンションは、2036年には2016年の約5倍の334万戸に達する（図表5-8）。建て替えは、容積率に余裕があって従前よりも多くの住戸を造ることができ、その売却益が見込めなければ、デベロッパーの協力は得られにくい。建て替え困難な場合は、敷地を売却して終止符を打つ方法があるが、買い手が現れない場合は、除却費用も捻出できず、老朽化物件が放置される恐れが

●図表5-7　民間賃貸住宅（共同住宅）の空室率：2013年

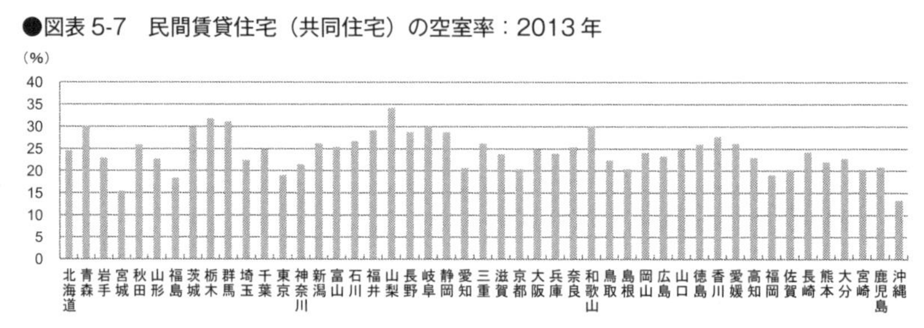

（出所）総務省「住宅・土地統計調査」により作成

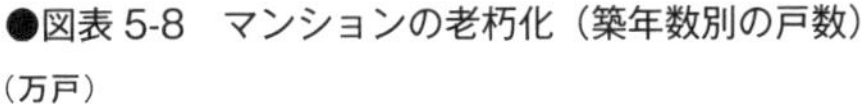
●図表5-8　マンションの老朽化（築年数別の戸数）

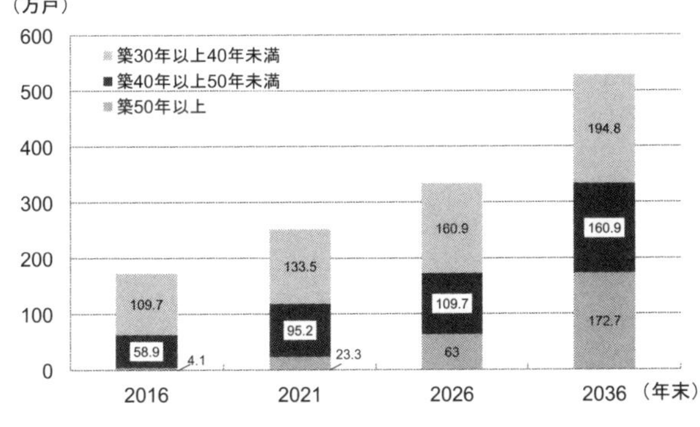

（出所）国土交通省

ある。この場合、最終的に誰がそれを除却するのかという問題が生じる。

責任は区分所有者にあるが、マンションでは除却に億単位の費用がかかる。代執行も困難だが、仮に代執行して費用を回収できない場合、それを納税者全体で負担することになる。区分所有者が必ず負担する形にするには、除却費用の積み立て義務付けが考えられる。しかし、その実効性を確保することが難しいのなら、固定資産税に上乗せする形で毎年少しずつ徴収する仕組みが有効となる。

除却費用を事前徴収する考え方は突飛なようにも見えるが、**自動車では購入時にリサイクル費用が徴収される形ですでに実現されている。**人口減少で次の使い手が現れず、危険な物件が放置される可能性が今後ますます高まることを見据え、導入を検討すべきである。固定資産税で少しずつ徴収する仕組みのほか、**自動車の仕組みにならい、購入時に一括して負担する仕組みもあり得る。**いずれの方式にしろ、その意味するところは、将来的に必要な除却費用を負担できない人は、住宅を購入・建築してはいけないということである。

想定される徴収金額は、一戸建ての除却費用は現在、150万～200万円程度であり、マンションの場合、定借マンションでは1戸当たり最終的に200万円程度になるよう除却費用が積み立てられている（齊藤〔2014〕）。こうした点を考慮すれば、一戸建て、通常のマンションの場合は200万円程度、タワーマンションの場合は、除却の実績がなく、除却方法も含め想定しにくいがそれよりは上ということになるだろう。

この仕組みは住宅を念頭においたものだが、オフィスビルなど建築物一般に拡張する必要が生ずる可能性もある。**山形県鶴岡市では、空きビルの除却費用が出ず、再開発計画が頓挫した例がある**（榎本〔2013〕）。

なお、徴収の仕組みとしては、ここでは一例として固定資産税の上乗せを提案したが、購入・建設時に徴収する機関を新たに作ることや、供託の仕組みを活用して資金をプールしておく仕組みなど他にも様々な形が考えられる。

3 所有者が管理の意思を失った場合の処理

次の利用を阻害する所有権

所有者が分からない土地について、土地に残された建物を除却したり、次の利用に供したりするためには、不在者財産管理人制度や相続財産管理人制度などを活用する必要がある。しかし、こうした措置を取るには手間とコストがかかるため、容易には行えない。日本の場合、土地所有概念は「絶対的所有権」で、土地の利用、処分のいずれについても所有者個人の自由とされる。所有権の強さが、所有者が管理の意思を失った場合や所有者が分からなくなった場合でも、容易に手を出せない状況を生み、問題解決を困難にしている。

そもそも**日本において私的所有権が認められたのは、明治の地租改正時（1873〔明治6〕年）であった。**所有権が確立された地租改正は、そのほかにも様々な意味で、日本の土地問題の原点と考えることができる。以下では、地租改正の概要とそれがもたらした効果を簡単に振り返っておこう。

地租改正の概要と効果

■ 地租改正の背景

地租改正は、二つの側面を持っていた。一つは文字どおり税制改革としての側面である。明治政府は、これによって税収を確保し、財政基盤を確立することができた。もう一つは、土地制度改革としての側面である。

明治政府が地租改正を行った背景としては、まず、当時の苦しい財政状況があげられる。旧幕府から引き継いだ石高制（米の収穫高によって納税負担を決める制度、豊臣秀吉の太閤検地以降確立された）は、すでに江戸末期から混乱に陥っており、充分な財源を確保できなかった。欧米に見劣りしない近代的な諸制度を導入するためには資金が必要であり、歳入基盤を確保することが急務であった。

また、石高制の下では市街地に対しては税金が課されず、税負担の公平性が著しく損なわれていたことも、税制改革の気運が盛り上がる要因となっていた。また、同じ農地の間でも負担の程度が異なり、農民の不公平感が増していた。

土地税制改革の論議は、1869（明治2）年頃から盛んとなり、いくつかの改革案が出された。中でも注目されたのは、神田孝平の案であった。神田は兵庫県令、貴族院議員などを歴任した政治家であり、西欧経済学の思想を紹介した啓蒙家としても知られていた。**神田案は、西欧の合理的思考に裏付けられたもので、土地の売買を自由にし、土地所有者に土地一筆ごとに地券を発行、自由な売買により形成される地価を地券に記載して、これを課税標準として金納により地租を徴税する**というものであった。

地租改正の着手に先立つ1872（明治5）年に、土地永代売買の解禁の措置が取られた。これによって、日本の歴史上初めて土地売買の自由が保障された。古くから、土地の実質的な売買行為は存在していたが、各時代の為政者は土地売買を公認してこなかった。江戸幕府も1643（寛永20）年に土地売買の禁止を発令していた。土地売買の許可は、土地所有の公認につながるものであり、地租改正の前提条件であった。

神田の案は一部大都市で試行されたが、地価決定の方式が曖昧であった。そこで、陸奥宗光（当時神奈川県令、後に租税頭に抜擢された）は、土地の生産性に応じて地価を算定し（収益還元法）、これを課税標準とすることを提案した。この方法によれば、生産力の高い土地の税金は高くなり、生産力が低い土地は低くなるため、負担の公平化が図られると考えられた。

■地租改正の内容

1873（明治6）年、太政官布告で地租改正に関する法令が公布され、地租改正事業が開始された。その内容は、土地の私的所有権を公認した上で、土地所有者に対して土地一筆ごとに所有を証明する地券を交付し、土地所有者から地租として地価の3%を徴税するというものであった。地租改正作業が完了したのは着手してからおよそ10年後であり、国家の一大事業であったことが分かる。ここで改めて、地租改正の内容を整理すると次の4点があげられる。

①税収の確保：歳入基盤を安定させること。
②租税負担の公平：市街地に対しても課税すること。
③租税金納制：物納（米）を廃し金納に移行すること。
④土地所有権の公認：納税者を明確にすること。

法定地価（課税標準）の算定方式は、土地の収益を基準にする方法（収益還元法）と売買価格を基準にする方法の二つがあった。

農地の地価はおおむね収益還元法によって算定された。算定方法は次の通りである。収穫米（小作地では小作米）、米価、種肥代、利子率の四項目が地価算定の際の要素とされる。土地収益は、田一反歩の収穫米に米価を乗じて収入を金額換算し、そこから必要経費である種肥代（収穫米の15%）と、地租、村入費を控除することによって算出する。それを一定の利子率（自作地6%、小作地4%）で資本還元したものが地価とされた。

他方、市街地の地価は、おおむね売買価格を基準にして算定された。当初、市街地は農地に比べて相対的に低く査定され、税率も1%と農地の3%に比較して優遇されていた（1875〔明治8〕年に3%に改訂された）。これは、従来課税されていなかった市街地に対する激変緩和措置として実施された。

地租改正によって導入された地券は、土地の所有権を証明し、かつ地租の納税義務を表示するものであった。**その後、地券制度は、より進んだ形の登記制度へと移行していった。**1886（明治19）年に「登記法」が制定され、土地所有の移動は登記簿に記載され、土地所有は登記簿によって認められることになった。また、1889（明治22）年には、「土地台帳規則」が制定され、それまで地券に基づいて行われていた地租の徴収が、土地台帳に記載された地価によって行われることになった。こうして、地券制度はその役割を終えた。

■地租改正の効果

まず、地租改正の当初のねらいは達成できただろうか。政府税収に占める地租の割合は、当初は極めて高く（1877〔明治10〕年では82％）、まさしく国家の財政を支えていた。しかし、その後所得税、酒税などの税収が増加し、1910（明治43）年には地租の割合は22％に低下した。昭和に入るとその割合は10％以下とさらに低くなった。地租は、明治政府の財源確保という緊急目的を達した後、次第に割合が低下していった。

市街地への課税によって商工業者に対しても地租負担が課された。当初は農地よりも低い税率が適用されたが、その後農地と同じ税率に引き上げられたことによって、税負担の公平化は達成された。また、異なる農地の間の負担の違いによる不公平感は、収益還元法による地価の算定によって一応払拭された。

地租改正以降、種々の問題が発生することになった。その第一は、土地担保金融の活発化である。地租改正によって土地の価格が法定地価として定められるとともに、土地の商品的な流通が認められた。それは必然的に、土地が担保物件として活用されるようになることを意味した。「地所質入書入規則」（1873〔明治6〕年）などの法令整備によって、土地担保金融は制度的に保障された。土地の担保形態は質入から抵当権の設定（書入）に急速に移行し、金融が容易になっていった。

全普通銀行の総貸出に占める不動産担保貸出しの比率は、明治期から大正初期まで30～40％を占めていた。その後比率は低下したが、それは大銀行の影響によるもので、多くの地方銀行は昭和に入ってからも不動産担保貸出しが高い比率を占めていた。

第二は、**土地所有の集中**である。地租改正後、農地の所有が集中するという現象が生まれた。1881（明治14）年、西南戦争後のインフレを抑制するために、松方蔵相はデフレ政策をとり米価は急落した（松方デフレ）。この結果、自作農の中に地租を納められない者が続出した。納税の担保とされていた土地は抵当処分され、金融業を兼営した地主などの手に渡った。このような現象は米価の下落や不作が起こるたびに繰り返され、土地所有の集中が次第に進んでいった。1873（明治6）年に31％であった小作地比率は、1907（明治40）年には45％に上昇した。

第三は、**地価の高騰**である。江戸時代までの村落共同体の中では、土地はそれぞれの利用権、耕作権の対象として考えられていた。しかし、地租改正によって地券が発行され土地の私的所有が公認されるようになると、次第に土地所有に執着する考え方が強くなってきた。他方、土地取引の活発化は土地投機を発生させた。

この結果、明治期には地価が高騰した。1890（明治23）年に反当たり63円だった平均田地価格（売買価格）は、1911（明治44）年には247円と約4倍になった。平均畑地価格についても、1890年の26円から1911年には約4倍の114円となった。他方、この間（1890～1911年）の物価上昇は約2倍にとどまっており、地価上昇は物価上昇を大きく超えるものであった。

これらの問題のうち、**大地主制の問題は、戦後の農地改革によって解消されたが、土地担保金融の問題は今も残り、地価高騰の問題は1980年代のバブル期まで何度も繰り返された。**

■地租改正と土地所有権

前述のように、地租改正を土地改革としてみた場合、最も重要な点はそれによって**土地の私的所有権が公認された**ことであった。

これを追認するように、**民法（旧民法、1896〔明治29〕年制定）においても土地所有権が明文化された。**民法に明記された土地所有権の概念は、土地の利用、処分のいずれについても所有者個人の自由であるという、いわゆる絶対的所有権の考え方であった。

これには歴史的な経緯がある。民法の制定に当たっては、ドイツ民法第一草案がモデルとされた。これはローマ法学者によって作られたもので、結局はドイツにおいて日の目を見なかったものである。**「ローマ法型」の土地所有権は絶対的、排他的であり、その絶対性は土地の自由な利用、処分に結び付く。**絶対的な所有権の下では、土地取引の自由が基本とされるから、一般に土地が商品として扱われ、土地投機も起こりやすいとされる。このことは、先に述べたように、**地租改正以降、現実に土地投機が現れたことと符合している。**

これに対して、「ゲルマン法型」の土地所有権は、都市の秩序を守るために、所有権の絶対性が限定される相対的所有権の概念である。相対的所有権は、その性格から社会的所有権とも呼ばれる。

欧州では、18世紀から19世紀末にかけて絶対的所有権の考え方が採られていたが、19世紀末から20世紀にかけて相対的所有権の考え方に改められた。絶対的所有権では所有が最優先されるのに対して、相対的所有権では利用が最優先される。相対的所有権の下では、土地所有は公共の福祉に役立つものでなければならず、土地所有者がそのように使用する義務を負うとされる。

日本において、土地問題の解決が遅々として進まないのは、根本的には土地所有権の概念に問題があるという点は、従来から法学者によって指摘されてきた。明治期に確立された絶対的所有権は、現在でも基本的には全く変わっていない。利用優先の考え方に転換させるとしたら、その基礎となる土地所有権の法概念も見直す必要がある。

1989年に制定された土地基本法では、土地についての基本理念として、土地の公共性に応じて権利に対する制限を加えることが挙げられている。しかし、**土地基本法は宣言法であり、法的な拘束力を持っていない。利用優先を確立するための法整備は、今後の重要な課題である。**所有権に関する中長期的な課題としては、この点を指摘しておきたい。

久高島における土地総有制

こうして地租改正で私的所有権が認められたが、**地租改正以前の地割制度がいまだ続いている地域がある。沖縄県南城市に属する久高島である**（人口約270人）。久高島では土地は、村落（字）のものという「総有制」をとっている。それを明文化したものが、**久高島土地憲章（1988年）**である。土地は、国有地などの一部を除き、字の総有に属し、利用権の享受資格は、先祖代々字民として認められた者および配偶者にある。字外出身の者は3年間定住し、土地管理委員会と字会の承認を得られれば利用できる。利用がなくなった場合は、字に返還しなければならない。

地目によってより具体的に定められている（図表5-9）。屋敷地（宅地）については、土地使用賃貸契約から2年以内に着工しなければ土地は返還しなければならない。子孫不明、家族祭祀の途絶えた場合は、土地管理委員会が回収する。農地については、5年以上放棄したものは返還しなければならない。その他（事業用地など）については、利用が済み次第、原状に復して返還しなければならない。

沖縄では地租改正からかなり遅れて、沖縄土地整理事業（1899～1903年）において私有制が導入されたが、久高島は字による総有を維持した。久高島では1981年から土地改良事業の導入が検討されたが、独自の権利関係がネックになって進展しなかった。その過程でリゾート施設の建設計画が浮上し、土地を開発から守るという意識が強くなり、それまでの慣行を明文化した土地憲章が制定された。久高島では、私的所有を認めなかったことが適切な管理につながり、耕作放棄や所有者不明の土地発生を防ぐ効果を生んで

●図表5-9　久高島土地憲章の内容

	土地利用憲章の規定	利用管理規則
屋敷地（宅地）	・字民は従来の屋敷地を利用できる ・家屋の築造は、土地管理委員会の決定と字会の承認による ・土地使用賃貸契約から2年以内に着工しなければ、土地を返還 ・子孫不明、家族祭祀の途絶えた屋敷地は、土地管理委員会が回収	新規利用は、生活の本拠とするものに限る。家屋の規模や家族構成などを斟酌し、100坪を上限
農地	・字民は従来の割当地を利用できる ・新規利用は、土地管理委員会の決定と字会の承認による ・5年以上放棄した者は字に返還	新規利用は、農業経営の規模などを斟酌し、3,000坪を上限
墓地	・字民は従来の割当地を利用できる ・新規利用は、土地管理委員会の決定と字会の承認	新規利用は、墳墓の規模などを斟酌し、10坪を上限
その他	・字民は従来の利用地の利用を継続できる ・新規利用は、土地管理委員会の決定と字会の承認による。利用が済み次第、原状に復して字に返還	新規利用は、目的や工作物の規模を斟酌し（建坪面積の概ね3倍）、上限は300坪

いる。なお、総有制の仕組みは、法律的には民法263条の入会権として位置づけられる（入会とは、地域住民が山林原野などの資源を共同管理し、収益行為を行うこと）。

現代における総有的管理① ―所有と利用の分離

強い私的所有権が認められた現代の仕組みを、久高島のような仕組みに戻すことはもちろんできない。しかし、人口減少下で今後、放置、放棄されたり最終的に所有者不明になったりする土地がますます増加する可能性を考えれば、**総有的な管理の仕組みを導入する必要性は高い。**

具体的には、**放置、放棄される土地を第三者が共同管理する仕組みを導入すること**が考えられる。**所有権には手を付けず、利用の共同化を進める**ものである。すなわち、放置、放棄された土地、あるいは将来的にそうなる可能性が高い土地の利用権を集約して、次の利用につなげていく。先に、中長期的には利用権優先の法整備が必要と指摘したが、これは、それに至る前の現実的な利用促進策といえる。

一例としては、高松市高松丸亀町商店街における再開発が挙げられる（2006年竣工）。細分化された所有権に対し、定期借地権を用いながら利用権をまちづくり会社に集約し、再開発を進めた（図表5-10）。土地の所有と利用が分離されたことで、商店街の土地はまちづくり会社によってより望ましい形で利用されることになった。細分化された所有権しか持たない地権者自身では再開発を進めることは困難で、いずれ商店街は衰退し、放置、放棄された可能性もあるが、それをまちづくり会社による利用の共同化で克服したと考えることができる。**久高島における土地管理委員会と字会が、まちづくり会社に当たる。**

また、農地では、所有権を残したまま遊休地を貸す**農地バンク**（農地中間管理機構）の仕組みで、利用が進められようとしている。また、遊休地に対して、**一定の手続きの上で、都道府県知事が強制的に利用権を設定できる仕組みも設けられている。**

●図表 5-10　高松市高松丸亀町商店街の再開発

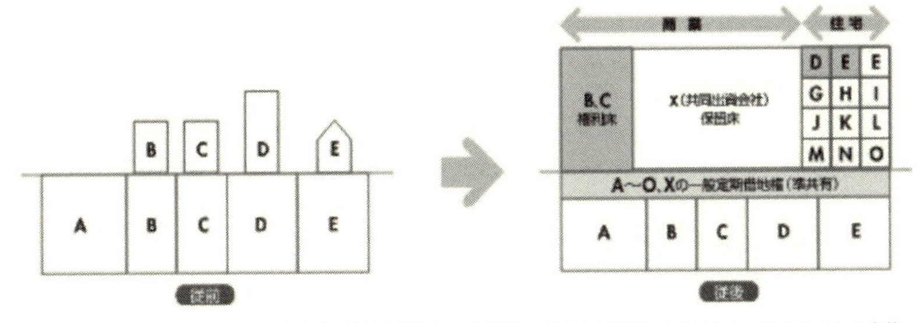

（出所）国土交通省ウェブサイト「土地総合情報ライブラリー 代表的な土地有効活用事例 香川県高松市高松丸亀町商店街 A 街区第一種市街地再開発事業」
（注）地権者 A ～ E の所有権を維持したまま、定期借地権を設定し、再開発ビルを建設

一方、所有と利用を分離するものではないが、良好な居住環境を創出するため、使われなくなった土地の権利関係を積極的に調整することで、次の利用につなげている例もある。第 1 章で紹介した NPO 法人つるおかランド・バンク（山形県鶴岡市）では、**危険な空き家の除却を進め、跡地と隣地を組み合わせて区画整理を行い、狭隘道路の拡幅を実現するなどの活動を行っている。**所有者は NPO に低価格で売却し、隣地所有者は低価格で譲渡してもらう代わり、道路拡幅のため土地の一部を寄付する。こうしたスキームにより、放っておけば活用可能性がなかった街なかの空き地の活用につなげている。

現代における総有的管理ともいえる所有と利用の分離や、所有権の円滑な移転は、それを推進する強力な主体を必要とする。放置、放棄され最終的に所有者不明になるような土地を出さず、より望ましい利用を実現するためには、それを**進めるための主体が不可欠であり、所有権が強い日本でも取り組み次第では効果を発揮できる**ことを示している。

今後は、こうした取り組みの推進により、所有者不明の土地の増加を未然に防ぐことがより一層求められる。

現代における総有的管理② ―マイホームリース制度

住宅供給に関しては、最近、所有と利用を分離する新たな試みが現れた（図表5-11）。住宅利用者は、子育て期など広い住宅が必要な期間のみ、土地と建物の躯体（スケルトン）を賃借して使う。期間終了後は高齢者向け住宅などに移り、土地とスケルトンは新たな利用者に回す仕組みである。

スケルトンは長持ちする構造とし、利用者は利用期間中、内装（インフィル）を自由に変更できる。土地とスケルトンは特定目的会社（SPC）が所有し、賃貸して開発費用を回収する。**常陽銀行がつくば市、大和ハウスとともに協議会を立ち上げ（「マイホームリース推進協議会」）、2016年度から試みている**（国土交通省「2016年度良質な住宅ストック形成のための市場環境整備促進事業」の一つに選定）。

所有しなくても、一定期間、十分な質と広さの住宅（長期優良住宅）に住める仕組みで、期間が終われば次に利用者に回すため、空き家のまま放置されることもない。実施されるつくば市竹園地区は、研究学園都市の開発が始まって以来の古い住宅地であるが、再開発を行うに当たって、このような仕組みを取り入れることにした。**つくば市は、人口流入などで将来にわたって住宅需要の増加が見込まれており、そうした地区だからこそ試みることができる**ともいえる。

この仕組みが成功するかどうかは現時点ではまだ分からないが、所有することにこだわらず、シェアに抵抗がない若い世代に受け入れられれば、今

●図表5-11　マイホームリース制度の所有・利用形態

	所有・利用形態
土地	・市が保有する土地を住宅保有法人に対して現物出資し、住宅保有法人が入居者に対して、リース等を行う
スケルトン	・ハウスメーカーが施工し、スケルトン部分のみ住宅保有法人に売却し、住宅保有法人が入居者に対して、リース等を行う
インフィル	・入居者が希望する仕様に合わせて施工し、原則償却するまで住み続ける（ただし、費用を抑えるため、完全なオーダーメードではなく、レディメードの組み合わせとする） ・施工費用は入居者負担

（出所）国土交通省

後、広がっていく可能性もある。

この仕組みは、近年、**不動産分野において、所有するビルやホテルなどを証券化して売却し、以後、賃借料を支払って使う形態があるが、それに類似している。**所有する主体が、不動産売却によって財務状態を改善したり、将来にわたって不動産を所有し続けることのリスクから逃れたりしようとする場合に効果を持つ。

住宅を定期利用する仕組みも、所有する場合に比べて費用負担が少なくて済み、かつ、所有し続ける場合のさまざまなリスクを回避できるメリットがある。所有するために多額の住宅ローン負担を負う必要もなく、また、所有にしばられず、高齢期の住まいを自由に選択することもできる。

社会的なメリットとしては、空き家が発生しにくいことに加え、住宅を短期間で建て替えることなく、スケルトンを長く使うことで住宅廃棄物の発生を抑え、資源の有効利用にもつながる。このように、所有と賃貸の中間に位置する定期利用の仕組みは、さまざまなメリットを持つ。メリットを十分周知させることで利用者を増やし、この試みが成功を収めることを期待したい。

4 所有権放棄ルールの必要性

なし崩し的な放棄が増える可能性

今後、所有者不明の不動産がさらに増えていく可能性を考えると、事後的に所有者探索に多大なコストをかけたり、利用するにしても利用権設定の手続きに煩わされたりするよりは、いっそ**最初から所有権放棄を認め、積極的に公的管理に移しておいた方が、その後、管理するにしても利用するにしても好都合だとの考え方に立つことも可能**である。

所有権の放棄については、現状では所有権の放棄はしたくとも手段がなくできない。しかし、前述のように、相続放棄すれば国に引き取ってもらうこともできる。相続放棄は不要な不動産のみを選択的に行うことはできず、遺産すべてを放棄しなければならないが、相続人全員が相続放棄して相続人不存在となった場合、自治体などの申し立てによって選任された相続財産管理人が換価して残余があれば、国庫に納付される。

しかし、相続財産管理人の選任には費用がかかるため、相続放棄後、こうした手続きが行われることは稀である。最後に相続放棄した人は、相続財産管理人が選任されるまのでの間、管理責任は残るが、その責任も現状では徹底されているわけではない。相続放棄された不動産が危険な状態となり、そのまま放置されていることも少なくない。

空家法では、相続放棄された空き家を特定空家に認定し、代執行の必要が生じた場合は、略式代執行の手続きによることになる。従って、**現状では相続放棄された場合、最終的には公費で取り壊さざるを得ない**事態に至る。

相続放棄は選択的にできず、それが相続放棄に踏み切るハードルになっている。しかし今後、空き家のほか、めぼしい遺産はないといったケースが増えれば、相続放棄され管理責任も果たされず、最終的に公費解体になる事案が増加していく可能性がある。

あるいは、相続放棄は選択的にはできないが、必要な財産を遺言書で遺贈したり、生前贈与したりしておけば、必要な財産を確保した上、最後に不要な不動産のみを相続放棄して手放すこともできないわけではない。

こうしたことが実際に行われれば、国は使い道のない不動産ばかりを押し付けられてしまうことになる。今後、こうしてなし崩し的に放棄され、国が引き取らざるを得ない不動産が増加していく可能性を考慮すれば、**最初から所有権の放棄ルールを明確にしておく方が望ましい**と考えられる。

所有権放棄ルールと次善の策としてのマイナスの固定資産税

不動産の所有権放棄の可否について学説は定まっていないが、民法239条には、「所有者のない不動産は、国庫に帰属する」という規定があり、所有権放棄が認められれば、国の所有に移る。しかし、現状では登記には所有権放棄の手続きはないため、不動産登記法に所有権抹消登記の規定を設ける必要がある。国の所有に移ると、国の管理負担が増すが、これについては放棄時に一定の費用負担（放棄料）を求めることが考えられる。

なし崩し的に放棄された状態になり、管理責任も果たされなくなっていくのは、国土の管理という意味でも望ましい状態ではない。費用負担を求めた上で放棄を認める仕組みを設けるのは、国土の管理を適正に行っていくという意味でも正当化できると考えられる。

また、前述のように、利用するため事後的に所有者探索に多大なコストを投入するよりは、最初から放棄を認め、国の所有に移しておいた方が、はるかにその後の利用がしやすくなるというメリットもある。実際の管理は自治体が担うことが考えられる。

ただ、この仕組みは、負担が増大する国が容易に受け入れるとは思えない。その場合の次善の策としては、**所有者に管理責任を果たしてもらうため、所有者が更地にして、自治体が設ける空き地バンクに登録しても一定期間（例えば５年間）買い手が現れない場合、以降は管理費用相当分を国が支給する考え方もあり得る。**所有権放棄で国が引き取る代わりに、所有者に管理費用を渡し、管理し続けてもらう案である。いわばマイナスの固定資産税である。

5　今後の課題

本章においては、所有者不明の土地について、国土交通省の報告書でも扱われていない、**主に宅地に関する問題で、除却費用をどのように捻出すべきか、土地の所有権はどのように扱うべきかについて考察した。**すなわち、人口減少下で、管理の意思を失った物件をどのように処理するかという問題である。

除却費用の事前徴収という新たな提案をするとともに、**所有と利用の分離などで利用を促す方策、所有権放棄ルールの創設**について検討した。所有と利用の分離については、自民党の所有者不明土地等に関する特命委員会が提言していたが、政府も国土審議会で検討を進め、知事の裁定により所有者不明土地の利用権を設定し、補償金を供託した上で公共性を持つ事業に使えるようにする新たな仕組みが、近く導入される見込みになっている。

所有権放棄ルールは、そこまで踏み込むことはまだ難しいにしても、国や自治体が不要となった土地の寄付を積極的に受けるべきとの考え方もある。この問題は、人口減少時代に使われなくなった不動産の処理や管理について、最終的に国や自治体がどの程度関与していくのかという問題となる。国土の荒廃を防ぐため、積極的に関与していくべきなのか、あるいは財政負担を考慮して最小限の関与にとどめておくべきなのかという問題になる。そのバランスをとった仕組みづくりが、今後、必要になってくると考えられる。

参考文献

第1章

- 梅千野成央〔2013〕「『空き家』の未来をデザインする―株式会社MYROOM：倉石智典氏」日本建築学会北陸支部Web広報誌「Ah!」41号
- 榎本政規〔2013〕「鶴岡市のまちづくりビジョン」国土交通省都市局「第3回都市再構築戦略検討委員会」（5月15日）配布資料
- 国土交通省土地・水資源局〔2008〕『エリアマネジメント推進マニュアル』コム・ブレイン
- 国土交通省都市局〔2016〕「分野間連携の先行的取組事例集」第7回コンパクトシティ形成支援チーム会議（9月14日）配付資料
- 小林重敬編著〔2005〕『エリアマネジメント―地区組織における計画と管理運営』学芸出版社
- 小林重敬編著〔2015〕『最新エリアマネジメント―街を運営する民間組織と活動財源』学芸出版社
- 嶋田哲夫・藻谷浩介〔2013〕「『ユーカリが丘』の奇跡」『新潮45』11月号
- 住宅生産振興財団〔2010〕「第5回住まいのまちなみコンクール審査結果」住宅生産振興財団Web Site
- 住宅生産振興財団〔2010〕「第5回住まいのまちなみコンクール実施報告」『家とまちなみ』第62号
- 住宅生産振興財団〔2011〕『私たちがつくる住まいのまちなみ Ⅱ』住宅生産振興財団
- 全国市町村国際文化研修所〔2016〕「空き家を地域再生の場として活かす―NPO法人尾道空き家再生プロジェクトの活動」『国際文化研修』夏
- 全国宅地建物取引業協会連合会・全国宅地建物取引業保証協会〔2015〕「災害時等における地域貢献活動や地域社会の活性化に係る取組等に関する調査研究」3月
- ちゅうごく産業創造センター〔2016〕「空き家等のリノベーションを通じた地方振興方策調査」3月
- 鶴岡市〔2012〕「鶴岡市住生活基本計画」3月
- 豊田雅子〔2011〕「尾道の空き家、再生します―五つの柱で地域をつなぐ」『月刊自治研』5月号
- 豊田雅子〔2012〕「空き家をとおしてコミュニティの再生を考える」『日本政策金融公庫 調査月報』No.047
- 豊田雅子〔2013〕「地域を巻き込み楽しみながら、尾道の空き家を再生―尾道空き家再生プロジェクト」『地方自治職員研修』6月号
- 豊田雅子〔2013〕「尾道式空き家再生術 お金をかけず、無理をしない イベント的に楽しめるプログラムを多数用意」『建築ジャーナル』No.1218
- 豊田雅子〔2014〕「空き家再生はふるさとの再生」『女性のひろば』2月号
- 豊田雅子〔2016〕「DIYからつなげる『坂の町・尾道』」『月刊文化財』5月号
- 日経アーキテクチュア〔2015〕「長野・門前町のリノベーションまちづくり、新局面に」日経アーキテクチュアWeb Site「建物・地域の価値を守る」8月4日
- 馬場正尊・OpenA〔2016〕『エリアリノベーション』学芸出版社
- 林新二郎〔2013〕「第169回定期講演会 講演録 ユーカリが丘開発の実践を踏まえた街づくり」『土地総合研究』春号

・林新二郎〔2014〕「人口減少時代における持続可能なコミュニティづくり」『季報 住宅金融』秋号
・林新二郎〔2015〕「ユーカリが丘で見るコミュニティビジネス」『不動産経済』Winter
・土方健司〔2014〕「街の活性化を目指した東急電鉄の住みかえ促進の取組」『日本不動産学会誌』第28巻第3号
・福岡市建築協定地区連絡協議会〔2008〕「私たちのまちづくり シーサイドももち・百道浜4丁目A·B住宅地区」『建築協定ふくおか』第2号
・矢吹剣一・西村幸夫・窪田亜矢〔2014〕「歴史的市街地における空き家再生活動に関する研究―長野市善光寺門前町地区を対象として」『都市計画論文集』Vol.49 No.1

第2章

・青木保親〔2004〕「岐阜市総合型交通社会実験について」『道路行政セミナー』6月号
・青木保親〔2013a〕「BRT導入とバス路線の再編」『新都市』Vol.67 No.8
・青木保親〔2013b〕「岐阜市のBRTの導入推進に向けた取り組みについて」アーバンインフラ・テクノロジー推進会議「第25回技術研究発表会」発表論文
・青木保親〔2015〕「岐阜市地域公共交通網形成計画について」『新都市』Vol.69 No.8
・青木保親〔2016〕「岐阜市地域公共交通網形成計画」『自治体法務研究』春号
・青木保親〔2017〕「［岐阜市］BRTを軸としたコンパクトシティ実現に向けた公共交通ネットワークの再構築」地域科学研究会研修会まちづくり行政・シリーズ83「立地適正化計画―策定と推進の実務」講演資料
・秋元菜摘〔2014〕「富山市のクラスター型コンパクトシティ政策と郊外のアクセシビリティ―婦中地域におけるシミュレーション」『地理学評論』Vol.87 No.4
・飯塚由貴雄〔2015〕「宇都宮市が目指す将来の姿『ネットワーク型コンパクトシティ』の形成に向けた取り組み」『第67回都市計画全国大会報告書』10月
・石黒厚子〔2016〕「コンパクトシティ戦略の一翼を担う富山市内電車環状線」『北陸経済研究』6月号
・宇都宮市〔2017〕「宇都宮市立地適正化計画」3月
・遠藤隆〔2014〕「市政ルポ 宇都宮市（栃木県）総合的な交通体系の確立で目指すネットワーク型コンパクトシティ」『市政』7月号
・加藤智子〔2016〕「地方自治体の財政再建―夕張市の再生への取組」『立法と調査』No.375
・紙田和代・石村壽浩〔2017〕「コンパクトシティ政策のカギ・立地適正化計画」『市街地再開発』3月号
・北島顕正〔2016〕「地方における少子高齢化・人口減少への取組―富山県・石川県の自治体・民間団体による先行事例」『レファレンス』12月号
・岐阜市〔2017〕「岐阜市立地適正化計画」3月
・京田憲明・木村陽一・山下倫央〔2015〕「富山市におけるコンパクトなまちづくりの背景」『サービソロジー』Vol.2 No.1
・工藤学〔2014〕「夕張市の抱える諸課題―財政再建と地域の再生に向けて」『地方自治』1月号
・酒井優〔2016〕「［埼玉・毛呂山町］毛呂山町立地適正化計画の方向性とその取組み―『導く・保つ・つなぐ』将来都市像の実現に向けて」地域科学研究会研修会まちづくり行政・シリーズ71「立地適正化

計画―新時代の策定・運用手法」講演資料
・杉本裕明〔2010〕「公共交通の充実で温暖化対策を―住民参加でコミュニティーバスを運行」『ガバナンス』5月号
・鈴木直道〔2013〕「『夕張の今と未来』新たな可能性を創造するまちへ」『自治研ちば』第10号
・スタッブシンシア由美子〔2015〕「グローカルインタビュー 宇都宮市長佐藤栄一氏 LRT 新設、街づくりにどう生かす コンパクトシティを形成 生活者、企業にも利便性高く」『日経グローカル』No.267
・瀬戸口剛〔2013〕「人口激減都市夕張市における集約型コンパクトシティへの計画支援」『土地総合研究』春号
・瀬戸口剛・長尾美幸・岡部優希・生沼貴史・松村博文〔2014〕「集約型都市へ向けた市民意向に基づく将来都市像の類型化―夕張市都市計画マスタープラン策定における市街地集約型プランニング」『日本建築学会計画系論文集』第79巻第698号
・瀬戸口剛〔2014〕「夕張市における集約型都市構造へ向けた公営住宅による市街地集約化事業」『住宅』11月号
・瀬戸口剛・加持亮輔・北原海・尾門あいり・松村博文〔2016〕「コンパクトシティ形成に向けた住宅団地集約化の相互計画プロセスと評価―夕張市都市計画マスタープランにもとづく真谷地団地集約化の実践」『日本建築学会計画系論文集』第81巻第722号
・瀬戸口剛〔2017〕「コンパクトシティ形成へ向けた夕張市公営住宅による市街地集約化」『住宅』1月号
・高橋裕司〔2017〕「［宇都宮市］立地適正化計画策定に向けた取組み―ネットワーク型コンパクトシティの実現に向けて」地域科学研究会研修会まちづくり・行政シリーズ83「立地適正化計画―策定と推進の実務」講演資料
・竹内伝史〔2001〕「岐阜市民の足を守るバスサービスの計画と行政」『経済月報』（十六銀行）3月号
・田辺義博〔2015〕「宇都宮市が目指す将来の姿『ネットワーク型コンパクトシティ』の形成」『月刊建設』9月号
・富山市〔2017〕「富山市立地適正化計画」3月
・富山市都市整備部都市政策課〔2015〕「GISを活用した富山市における『コンパクトシティ』の取組効果把握」『新都市』Vol.69 No.8
・中村圭勇〔2014〕「コンパクトシティ戦略による富山型都市経営の構築（富山市環境未来都市計画）―ソーシャルキャピタルあふれる持続可能な付加価値創造都市を目指して」『建設機械施工』Vol.66 No.3
・日経アーキテクチュア編集部〔2013〕「検証インフラ整備を絡め都市再編―軌道に乗り始めた富山市のコンパクトシティ」『日経アーキテクチュア』1月25日号
・日経コンストラクション編集部〔2012〕「夕張市 都市の縮小で危機脱却を目指す」『日経コンストラクション』8月13日号
・日経コンストラクション編集部〔2017〕「LRT・BRT宇都宮LRTは着工間近か」『日経コンストラクション』1月23日号
・西村宣彦〔2016〕「夕張市の財政破たん10年―不可欠な『未来への投資』」『住民と自治』11月号
・舟田安浩〔2017a〕「［富山市］公共交通を軸としたコンパクトなまちづくりの推進と立地適正化計画の策定―コンパクトシティ戦略による富山型都市経営の構築」地域科学研究会研修会まちづくり・行政シリーズ83「立地適正化計画―策定と推進の実務」講演資料
・舟田安浩〔2017b〕「コンパクトシティ実現に向けた富山市の取り組み」『市街地再開発』3月号

・北海道開発協会広報研修出版部〔2014〕「市営住宅の集約・建替えによるまちのコンパクト化とCBM（炭層ガス）の活用によるまちづくり 夕張市」『開発こうほう』7月号
・堀友彰〔2014〕「コンパクトシティ戦略による富山型都市経営の構築」『新都市』Vol.68 No.9
・毛呂山町〔2017〕「毛呂山町立地適正化計画」2月
・夕張市〔2012〕「夕張市まちづくりマスタープラン」3月
・吉田力〔2015〕「グローカルインタビュー 富山市長森雅志氏 コンパクトシティー、10年の成果は 人口の社会増や地価反転 課題は防災・高齢化対応」『日経グローカル』No.268
・吉田肇〔2014〕「地方都市におけるコンパクトシティの導入に関する考察―宇都宮都市圏と富山都市圏におけるケース・スタディ」『都市経済研究年報』No.14

第3章

・あべよしひろ・泉留維〔2000〕『だれでもわかる地域通貨入門』北斗出版
・新谷敬〔2017〕「離島が生んだ巨大地域通貨 長崎県離島地域の『しまとく通貨』」『ニューリーダー』1月号
・泉留維〔2001a〕「オルタナティブ・バンキングの歴史とその意義―北欧・JAK銀行とスイス・WIR銀行」『The Nonprofit Review』Vol.1 No.1
・泉留維〔2001b〕「地域自立のためのオルタナティブな貨幣・金融システム」『現代文化研究』（専修大学）第77号、3月
・泉留維〔2001c〕「地域通貨の役割と日本における進展」『The Nonprofit Review』Vol.1 No.2
・納村哲二〔2016〕『地域通貨で実現する 地方創生』幻冬舎
・加藤淳（〔2017〕「特集 地域資源の新たな循環で活性化 兵庫県尼崎市 地域通貨で『省エネ』と『地域活性化』―省エネタイムに加盟店で買い物はポイント倍・『お出かけ省エネ』」『地域づくり 特集編』2月号
・加藤敏春〔2001〕『エコマネーの新世紀―"進化"する21世紀の経済と社会』勁草書房
・河邑厚徳・グループ現代〔2000〕『エンデの遺言―「根源からお金を問うこと」』NHK出版
・久保雄策〔2013〕「長崎県でプレミアム付き共通商品券『しまとく通貨』の発行を開始」『しま』6月号
・久保雄策〔2015〕「二年目を迎えた『しまとく通貨』が発揮した効果」『しま』1月号
・経済産業省商務情報政策局〔2016〕「平成27年度 我が国経済社会の情報化・サービス化に係る基盤整備（ブロックチェーン技術を活用したサービスに関する国内外動向調査）」4月
・経済産業省商務流通保安グループ商取引・消費経済政策課〔2016〕『キャッシュレスで「消費」と「地方」を元気にする』金融財政事情研究会
・国際大学グローバル・コミュニケーション・センター〔2003〕「ローカル通貨研究会報告書」6月
・坂本龍一・河邑厚徳編著〔2002〕『エンデの警鐘―「地域通貨の希望と銀行の未来」』NHK出版
・嵯峨生馬〔2004〕『地域通貨』NHK出版
・滋賀県東近江市まちづくり協働課〔2017〕「特集 地域資源の新たな循環で活性化 滋賀県東近江市 人と人のつながりとあたたかいお金の流れ―成功報酬型SBIで事業者と市民が協働で成果目標を設定」『地域づくり 特集編』2月号

・鈴村今衛〔2017〕「特集 地域資源の新たな循環で活性化 岐阜県恵那市 地域通貨で間伐材を買い取り―森林整備、商店振興を結び、地域活性化」『地域づくり 特集編』2月号
・ダウスウェイト, リチャード（馬頭忠治・塚田幸三訳）〔2001〕『貨幣の生態学』北斗出版
・高比良博幸〔2017〕「特集 地域資源の新たな循環で活性化 長崎県 スマートフォンを活用した電子地域通貨―離島共通のプレミア付き商品券『しまとく通貨』」『地域づくり 特集編』2月号
・地域通貨フォーラム〔2003a〕「地域通貨の現在、直面する課題、そして、突き抜ける戦略」3月
・地域通貨フォーラム〔2003b〕「ミネアポリスレポート コミュニティ・ヒーローカード見聞録」10月
・西部忠〔2002〕「地域通貨を知ろう」『岩波ブックレット』No.576、岩波書店
・西部忠編著〔2013〕『福祉＋α③ 地域通貨』ミネルヴァ書房
・中川内克行〔2016〕「自治体のクラウドファンディング 全国調査 都道府県の7割、100越す市区が『活用』」『日経グローカル』No.294
・野口香織〔2016〕「ブロックチェーンと地域通貨の活用」『金融法務事情』12月10日号
・非接触ICカード・RFID普及委員会編〔2002〕『非接触ICカード・RFIDガイドブック2003』シーメディア
・廣川聡美〔2016〕「地域活性化や健康増進など、活用が広がるポイントサービスについて考える」『月刊J-LIS』9月号
・ぶぎん地域経済研究所編著〔2003〕『やってみよう!地域通貨』学陽書房
・三浦紀章〔2017〕「地域共通ポイントカード&電子マネー最新動向 地域の小売店と核店舗や自治体共同の取り組みで、地域活性化に貢献」『商業界11月号』
・保田隆明〔2014〕「地方自治体のふるさと納税を通じたクラウドファンディングの成功要因―北海道東川町のケース分析」『商学討究』第64巻第4号
・保田隆明・保井俊之〔2017〕『ふるさと納税の理論と実践』事業構想大学院大学出版部
・室田武〔2004〕『地域・並行通貨の経済学』東洋経済新報社
・吉田拓矢〔2017〕「特集 地域資源の新たな循環で活性化 岐阜県可児市 ボランティア活動にポイント、地域通貨に交換―地域通貨で「支え愛」の循環システムを構築」『地域づくり 特集編』2月号
・米山秀隆〔2003〕「デフレ克服の手段としてのコミュニティマネーの可能性」『研究レポート』（富士通総研）No.174
・米山秀隆〔2004a〕「新しいマネーの登場とそのインパクト」『研究レポート』（富士通総研）No.193
・米山秀隆〔2004b〕『デフレの終わりと経済再生』ダイヤモンド社
・米山秀隆〔2005〕「経済社会の変革を促す市民」『研究レポート』（富士通総研）No.226
・リエター, ベルナルド（小林一紀・福元初男訳）〔2000〕『マネー崩壊―新しいコミュニティ通貨の誕生』日本経済評論社

第4章

・石田信隆・寺林暁良〔2012〕「U・Iターンで活性化する海士町」『農林金融』12月号
・泉猛〔2015〕「地域資源を活かした移住・定住促進―大分県竹田市」『ながさき経済』9月号
・稲葉光彦〔2015〕「各自治体が特性生かした地域政策の創生を―徳島県上勝町、神山町、美波町、愛媛県松山市中島の取り組みから、これからの地方創生を考える」『公明』8月号

・今岡直子〔2016〕「人口減少社会における地方自治体とICT」『レファレンス』3月号
・岩本悠〔2016〕「未来を切り拓く'教育の力'について—島根県隠岐島前地域の事例から考える」『調査研究雑誌ECPR』(えひめ地域政策研究センター)財団設立40周年記念号
・梅村仁〔2016〕「地域に内在する起業家精神と自治体産業政策」『企業環境研究年報』第20号
・NPO法人グリーンバレー・住時正人〔2016〕『神山プロジェクトという可能性—地方創生、循環の未来について』廣済堂出版
・大分経済同友会〔2015〕「大分経済同友会 TAKEDA ART CULTURE 2014 視察報告書」3月
・大迫彩紀〔2015〕「地域資源をフル活用した移住策—大分県竹田市」『KER経済情報』7月号
・大南信也〔2015〕「脱『地方消滅』—成功例に学べ【ITベンチャー】—徳島県神山町 雇用がないなら、仕事を持っている人を呼べばいい」『中央公論』2月号
・奥田和司〔2014〕「地域資源のブランド化戦略」『都市問題』12月号
・尾野寛明〔2015〕「特集 移住支援で地域を活性化 ビジネスコンテストを開催し、創業人材を確保—定住と産業振興の"一石二鳥"を狙う」『地域づくり』5月号
・金丸弘美〔2014〕「スピリットあふれる島(上)(下)島根県海士町」『地方行政』10月16日、10月20日
・木下栄一〔2012〕「山内道雄島根県海士町長 離島から『この国』を変える。」『潮』6月号
・吉良伸一〔2015〕「少子高齢化社会のまちづくり」『社会分析』42号
・小池拓自〔2016〕「地域経済活性化の方向性と課題—人口減少と経済のグローバル化を踏まえて」『レファレンス』10月号
・後藤祥司〔2016〕「農村回帰宣言市における持続可能な農村交流の取り組み—地域資源の磨き上げによる『感動産業』の確立にむけて」『月刊自治研』1月号
・佐藤祐樹〔2016〕「ICTで実現する地方創生、地域活性化 島根県海士町/未来のために高校魅力化に取り組む離島の公立塾 島の存続のための高校魅力化か、地方創生の先駆的な取り組みに」『月刊J-LIS』4月号
・篠原匡〔2014〕『神山プロジェクト—未来の働き方を実験する』日経BP社
・嶋田暁文〔2016〕「海士町における地域づくりの展開プロセス—『事例』でも『標本』でもなく、実践主体による『反省的対話』の素材として」『自治総研』10月号
・島根県隠岐郡海士町〔2015〕「『ないものはない』の精神でチャレンジの途上—持続可能な島の未来をつくる」『リージョナルバンキング』11月号
・杉本哲也〔2016〕「島根県隠岐郡海士町 島をまるごとブランド化 破綻寸前自治体のチャレンジ」『日本公庫つなぐ』4月
・鈴村今衛〔2015〕「特集 移住支援で地域を活性化 大分県竹田市 都市から地方へ「農村回帰宣言市」の移住政策—内に豊かに 外に名高く」『地域づくり』5月号
・関耕平〔2015〕「『自立した幸福な島』からのメッセージ 島根県隠岐郡海士町」『農業と経済』5月号
・全国地方銀行協会調査部〔2014〕「徳島県神山町における地域活性化に向けた取組み」『地銀協月報』8月号
・総務省自治行政局・島根県江津市〔2007〕「都市と農山漁村の新たな共生・対流システムモデル 調査報告書—空き家活用による農山村滞在と定住を促進するためのシステム構築事業」3月
・高橋成文〔2015〕「徳島県神山町のワーク・イン・レジデンス 創造的な移住支援で町を活性化」『地方

行政』8月24日
・高見真理子〔2014〕「徳島県・神山町「モノ」から「人」へ―地域再生への画期的挑戦」『潮』7月号
・徳島県神山町〔2016〕「サテライトオフィス誘致の取組み」『リージョナルバンキング』9月号
・杼谷学〔2014〕「過疎最先端の町 神山町 サテライトオフィスの取り組み」『地方税』6月号
・中川華凛〔2016〕「介護人材確保で移住者支援広がる 島根県浜田市、松江市が取り組み」『厚生福祉』11月1日
・中島正博〔2014〕「島根県海士町の取組みから見た定住政策の課題」『経済理論』(和歌山大学)376号
・野邉幸昌〔2015〕「神山町における地域活性化の取組み」『ながさき経済』6月号
・濱中香理〔2016〕「島根県海士町『挑戦する人』への覚悟が醸成された戦略策定」『しま』1月号
・浜田市地域政策部政策企画課〔2016〕「浜田市 介護人材確保のためのシングルペアレント受入事業」『自治体法務研究』夏号
・日向映子〔2014〕「島根県海士町リポート(前編)(後編)過疎の島にエリートの若者たちがやってきた―離島発! 地方復活のモデルケースに」『EL NEOS』9月号、10月号
・松岡憲司編著〔2016〕『人口減少化における地域経済の再生―京都・滋賀・徳島に見る取り組み』新評論
・牧山正男〔2015a〕「『田園回帰』に備えるべき農村側の施策と覚悟」『都市住宅学』89号
・牧山正男〔2015b〕「『田園回帰』の理想と現実―特に農村側の視点から」『地域づくり』5月号
・三海厚〔2016〕「ビジネスプランコンテストを開催し、若者の移住+起業などを支援―島根県江津市」『ガバナンス』5月号
・宮崎雅也〔2015〕「定住した隠岐海士町で干しナマコ加工を「寄業」―身の丈に合った暮らしを手づくりする」『しま』1月号
・森オウジ〔2013〕「ワーク・ライフ・バランスのフロンティア―日本の未来を照らす島・海士町を支えるワーク・ライフ・バランスと自治」『議員NAVI』9月号
・山内道雄〔2012〕「海藻の産業のクラスター形成―島根県隠岐郡海士町の事例から」日本経済研究センター「希望と成長による地域創造研究会」小峰分科会ゲスト講師講演録、9月14日
・山内道雄〔2015〕「海士町の『地方創生』創生は産業の立て直しとひとづくり」『住民と自治』9月号

第5章

・五十嵐敬喜〔1990〕『検証土地基本法―特異な日本の土地所有権』三省堂
・五十嵐敬喜編著〔2014〕『現代総有論序説』ブックエンド
・榎本政規〔2013〕「鶴岡市のまちづくりビジョン」国土交通省「都市再構築戦略検討委員会」第3回(2013年5月15日)提出資料
・小川竹一〔2014〕「久高島の土地総有の意義」沖縄大学『地域研究』(沖縄大学)No.13
・加藤雅信〔2015〕「急増する所有者不明の土地と、国土の有効利用」高翔龍他編『日本民法学の新たな時代―星野英一先生追悼』有斐閣

・齊藤広子〔2014〕「マンションにおける空き家予防と活用、計画的解消のために」浅見泰司編著『都市の空閑地・空き家を考える』プログレス
・田處博之〔2015〕「土地所有権は放棄できるか─ドイツ法を参考に」『論究ジュリスト』第15号
・福島正夫〔1968〕『地租改正』吉川弘文館
・吉田克己〔2015〕「都市縮小時代の土地所有権」『土地総合研究』第23巻第2号
・米山秀隆〔1997〕『日本の地価変動─構造変化と土地政策』東洋経済新報社

【著者紹介】
米山 秀隆（よねやま・ひでたか）

富士通総研主席研究員。
1986年筑波大学第三学群社会工学類卒業。89年筑波大学大学院経営・政策科学研究科修了。野村総合研究所、富士総合研究所を経て富士通総研入社。専門は住宅・土地政策、日本経済。著書に、『限界マンション』（日本経済新聞出版社2015年）、『空き家急増の真実』（日本経済新聞出版社2012年）等。近年は空き家問題の分析で名をはせる。

縮小まちづくり―成功と失敗の分かれ目

2018年5月22日　初版発行

著　者：米山　秀隆
発行者：松永　努
発行所：株式会社時事通信出版局
発　売：株式会社時事通信社
〒104-8178　東京都中央区銀座5-15-8
電話03(3501)9855　http://book.jiji.com

漫画　黒木　督之
編集協力　漫画コーディネイト
DTP／装丁　加賀谷　真志（デックC.C）
印刷／製本　中央精版印刷株式会社

ISBN978-4-7887-1547-9　C0036　Printed in Japan

★本書のご感想をお寄せください。宛先は mbook@book.jiji.com